Obed Nenyi Otoo

Impacto das alterações climáticas na pesca

Obed Nenyi Otoo

Impacto das alterações climáticas na pesca

ScienciaScripts

Cover image: www.ingimage.com

This book is a translation from the original published under ISBN 978-620-2-07122-2.

Publisher:
Sciencia Scripts
is a trademark of
Dodo Books Indian Ocean Ltd. and OmniScriptum S.R.L publishing group

120 High Road, East Finchley, London, N2 9ED, United Kingdom
Str. Armeneasca 28/1, office 1, Chisinau MD-2012, Republic of Moldova, Europe
Printed at: see last page
ISBN: 978-620-8-26376-8

RESUMO

Este estudo examina a perceção dos pescadores de Senya Beraku sobre as alterações climáticas e o seu impacto nos seus meios de subsistência. Senya Beraku situa-se na região central do Gana, onde a maioria dos nativos se dedica à atividade piscatória (pescadores e vendedores de peixe) para a sua subsistência. Foi utilizado um programa de entrevistas para obter dados primários de cem (100) inquiridos, dos quais sessenta e dois (62) eram pescadores e trinta e oito (38) eram vendedores de peixe. O questionário foi estruturado com base nas alterações climáticas nos seguintes parâmetros: alterações da precipitação (quantidade e padrões), alterações da temperatura da água do mar, alterações do aquecimento da água do mar, alterações da temperatura do ar do mar e alterações da intensidade do ar do mar nos últimos vinte (20), dez (10), cinco (5) anos e nas actuais épocas de pesca, respetivamente. Os resultados do estudo mostraram que os pescadores entrevistados apresentaram uma variedade de percepções relativamente às alterações climáticas nos parâmetros considerados. A maioria dos inquiridos percebeu que, nos últimos 20 e 10 anos, o padrão e a quantidade de precipitação, a temperatura da água do mar, o aquecimento da água do mar, a temperatura do ar do mar e a intensidade do ar do mar tinham sido normais, frios, baixos e frios, respetivamente. Além disso, a maioria dos pescadores indicou que, nos últimos 5 anos e nas actuais épocas de pesca, se verificou uma redução intensa da quantidade e do padrão de precipitação, uma temperatura mais quente da água do mar, uma maior intensidade do aquecimento da água do mar e uma temperatura mais quente do ar do mar. O impacto das alterações climáticas nos parâmetros considerados ocorreu drasticamente nos últimos cinco anos e nas actuais campanhas de pesca e causou uma redução severa na capacidade de captura de peixe, o que diminuiu o estatuto de subsistência dos pescadores. Devido à falta de educação, os pescadores atribuem estas alterações a fenómenos naturais. Estas podem ser evitadas melhorando o conhecimento dos inquiridos sobre práticas de pesca inadequadas que afectam as condições climáticas do mar. Além disso, os sectores da pesca devem estabelecer políticas bem planeadas de conservação, reabilitação e florestação de mangais ao longo da costa para sustentar a vida aquática no mar.

ÍNDICE DE CONTEÚDOS

CAPÍTULO 1

INTRODUÇÃO

As alterações climáticas são as alterações a longo prazo das condições médias de temperatura, precipitação, vento, etc., num determinado momento e período. As alterações climáticas têm uma série de impactos diretos e indirectos na pesca de captura marinha e de água doce, com implicações nos meios de subsistência e no ambiente das comunidades costeiras, dos pescadores e da economia. O mundo está agora a testemunhar a vulnerabilidade das capturas de peixe, o que põe em causa os meios de subsistência dos pescadores. Munday et al. (2008), a produção de peixe é altamente sensível às flutuações climáticas.

É agora questionável de que forma as medidas de mitigação das alterações climáticas são úteis para sustentar os meios de subsistência dos pescadores e qual o seu verdadeiro valor. [4]Uma vez que as medidas de mitigação das alterações climáticas implicam naturalmente a conservação dos recursos naturais, a questão seguinte é saber qual o valor dos recursos naturais do ponto de vista dos pescadores. Esses recursos naturais incluem os habitats aquáticos que servem para a subsistência dos pescadores.

A principal fonte de subsistência dos nativos de Senya Beraku, económica e financeiramente, é gerada pelo mar (marine).

Este projeto examina as formas como as alterações climáticas afectaram diretamente a pesca e os meios de subsistência dos pescadores e a produção de peixe em Senya Beraku e também fornece medidas de mitigação e adaptação para reduzir o impacto das alterações climáticas.

Basicamente, a economia de Senya Beraku está diretamente dependente da colheita de peixe que resulta na geração de rendimentos, aumentando ou diminuindo assim o nível de vida das pessoas. As alterações climáticas podem afetar a pesca e a aquicultura diretamente, influenciando os recursos haliêuticos e o abastecimento global de peixe para consumo, ou indiretamente, influenciando os preços do peixe ou o custo dos bens e serviços necessários aos pescadores.

De um modo geral, o nível de vida das pessoas baixou devido à intensa diminuição da colheita de peixe do mar, o que afectou drasticamente a saúde e a nutrição, bem como a educação das crianças e o comércio na comunidade. A variabilidade do nosso clima levou à redução da produção agrícola, da colheita de peixe e do rendimento dos agricultores e pescadores de Senya Beraku. As condições climáticas extremas também afectaram a disponibilidade de recursos alimentares e as fontes de subsistência das pessoas.

A subsistência dos pescadores está basicamente relacionada com a saúde e a nutrição, o comércio e a educação, que têm um impacto direto nas suas actividades socioeconómicas. A variação climática afectou estes factores no que diz respeito **aos meios de subsistência dos pescadores.**

Saúde e nutrição: As alterações climáticas têm um impacto considerável na ocorrência de doenças infecciosas como a dengue. O impacto provocado pelas alterações dos factores climáticos, como a temperatura e a precipitação, pode afetar a existência e a abundância dos vectores de doenças, aumentando assim a vulnerabilidade dos indivíduos às doenças transmitidas pelos vectores de doenças. O impacto das alterações climáticas não só afectou a distribuição dos insectos vectores e das pragas, como também afectou a distribuição e a abundância das espécies em resultado das variações climáticas. As alterações climáticas contribuem igualmente para o aumento do risco de cada indivíduo sofrer de mortes e doenças relacionadas com o calor, como as pessoas, a vida aquática e as culturas. As espécies aquáticas e as culturas são expostas anualmente a fenómenos de calor extremo, o que resulta na diminuição da produção nos períodos necessários e, consequentemente, na redução do consumo pelos seres humanos. Isto provoca uma redução da quantidade de nutrientes nos alimentos.

Comércio: O peixe é o género alimentício mais comercializado no mundo. Prevê-se que as alterações das temperaturas e correntes oceânicas e das cadeias alimentares no oceano em Senya Beraku afectem a localização e a abundância das espécies de peixe, impedindo assim os pescadores de colherem a capacidade necessária de peixe para o comércio com as peixarias. O peixe comercializado ao longo da costa pelos pescadores indicou que houve uma drástica margem de declínio, pelo que o seu efeito é visto no mercado em termos de custo e preços do peixe.

Educação: Os pescadores tendem a queixar-se de que não geram muitos rendimentos e, por conseguinte, não podem pagar as propinas das crianças, o que conduziu a uma elevada taxa de analfabetismo e de abandono escolar na comunidade.

1.1 JUSTIFICAÇÃO DO ESTUDO.

Senya Beraku é uma cidade costeira na Região Central do Gana, onde a subsistência dos pescadores e dos nativos depende diretamente da produção de peixe do mar (marinho). Atualmente, a vida tem sido difícil para os pescadores e os seus meios de subsistência têm vindo a diminuir ano após ano.

As alterações climáticas ocorreram ao longo do tempo e causaram variações e impactos graves no nível de vida dos pescadores, através da redução da capacidade e das espécies de peixe colhidas durante as épocas de pesca abundantes e magras em Senya Beraku.

Além disso, estes impactos das alterações climáticas nos meios de subsistência não foram bem notados pelos pescadores e não perceberam que as alterações no clima e no ambiente os afectaram principalmente porque reduziram o seu rendimento de peixe por captura nos últimos vinte (20), dez (10), cinco (5) e nas estações actuais, respetivamente.

O conhecimento dos pescadores tornou este estudo relevante para a ajuda:

- Identificar os problemas que conduziram à redução da capacidade de captura de peixe.
- Determinar se a variação climática tem impacto nas capturas de peixe.
- Sensibilização dos pescadores para os efeitos das alterações climáticas nos seus meios de subsistência.

1.2 OBJECTIVO DO ESTUDO

1. De um modo geral, este estudo tem como objetivo conhecer a perceção dos pescadores de Senya Beraku sobre as alterações climáticas e o seu impacto nos seus meios de subsistência.

2. Desenvolver informação de base sobre as alterações climáticas na população.

3. Determinar a extensão do impacto das alterações climáticas sobre as populações nos últimos 20, 10, 5 anos e nas actuais épocas de pesca.

CAPÍTULO 2

REVISÃO DA LITERATURA.

2.0 Alterações climáticas.

É de esperar que as alterações climáticas tenham impacto nas pescas através de uma gama diversificada de vias e o seu efeito pode ser direto ou indireto, resultando de processos em sistemas ecológicos aquáticos e sistemas sociais. As unidades populacionais de peixes e a oferta global de peixe para consumo são o impacto direto das alterações climáticas, enquanto o impacto indireto é influenciado pelos preços do peixe e pelo custo dos bens e serviços exigidos pelos pescadores para a captura de peixe.

As alterações climáticas têm um vasto impacto nas pescarias marinhas e de água doce. Já se sabe que os sistemas ecológicos que sustentam a pesca são sensíveis à variabilidade climática. Em 2007, o Painel Internacional sobre as Alterações Climáticas (IPCC) salientou vários riscos para os sistemas aquáticos decorrentes das alterações climáticas, incluindo a perda de zonas húmidas costeiras, o branqueamento de corais e as alterações na distribuição e no calendário dos fluxos de água doce, e reconheceu o efeito incerto da acidificação das águas oceânicas, que se prevê que venha a ter impactos profundos nos ecossistemas marinhos (Orr et al., 2005).

No final do século XXI, a subida prevista do nível do mar afectará as zonas costeiras de baixa altitude com grandes populações. O custo da adaptação poderá ascender a, pelo menos, 5-10% do Produto Interno Bruto (PIB). Prevê-se que os mangais e os recifes de coral se continuem a degradar, com consequências adicionais para a pesca e o turismo. Novos estudos confirmam que a África é um dos continentes mais vulneráveis à variabilidade e às alterações climáticas devido a múltiplas pressões e a uma fraca capacidade de adaptação. Está a ser feita alguma adaptação à atual variabilidade climática; no entanto, esta pode ser insuficiente para as futuras alterações climáticas. (Contribuição do Grupo de Trabalho II para o Quarto Relatório de Avaliação do Painel Intergovernamental sobre as Alterações Climáticas)

2.0.1 IMPACTO DAS ALTERAÇÕES CLIMÁTICAS

Os impactos diretos das actividades humanas na zona costeira têm sido mais significativos ao longo do último século do que os impactos que podem ser diretamente atribuídos às alterações climáticas observadas (Scavia et al., 2002; Lotze et al., 2006). Estes impactos diretos incluem a desflorestação, a descarga de águas residuais, a drenagem de zonas húmidas costeiras, a obtenção de areia, fertilizantes e contaminantes nas águas costeiras.

O principal impacto das alterações climáticas resulta em alterações como o aumento da temperatura e da acidez, a diminuição do oxigénio dissolvido, alterações na salinidade, a subida do nível do mar, condições meteorológicas extremas e uma vasta gama de condições de pressão humana nas zonas costeiras devido às alterações climáticas afectam cada vez mais os pescadores, as comunidades piscatórias e têm efeitos deletérios sobre os peixes (Bindoff et al., 2007).

As temperaturas da superfície do mar afectam diretamente a distribuição das unidades populacionais de peixes, alterando a localização dos habitats das larvas, dos juvenis e dos adultos. Com o aumento da superfície do mar, a temperatura da água aumenta e, se a temperatura subir 3° C, o dióxido de carbono (CO_2) aumenta 550 ppm, o que se torna prejudicial para os peixes. Prevê-se que as alterações das temperaturas e das correntes oceânicas, bem como das cadeias alimentares no oceano aberto, afectem a localização e a abundância das espécies de atum (Lehodey et al. 1997, 2003, Loukos et al. 2003).

As alterações climáticas têm mediado a produção de peixe através de efeitos no sucesso reprodutivo, nos processos de recrutamento, na sobrevivência e no crescimento das espécies de peixe.

O aquecimento global tem um efeito negativo na produção de ovos de peixes, dependendo se a espécie de peixe alvo está perto do seu ótimo térmico. O aumento rápido das temperaturas acima das temperaturas máximas normais tem um efeito negativo na população de peixes.

A química dos oceanos está a mudar devido à acumulação de gases com efeito de estufa, principalmente dióxido de carbono ($C0_2$), que provoca variações climáticas e resulta na acidificação dos oceanos. O oceano absorveu cerca de um terço das emissões humanas ***de*** $C0_2$ desde cerca de 1750 e é atualmente mais ácido do que em qualquer outro momento dos últimos 650 000 anos (Orr et al. 2005). O aumento da acidez dos oceanos pode afetar as espécies de peixes de várias formas.

Além disso, como o aumento dos níveis de acidez dificulta a capacidade destas criaturas para construírem conchas e esqueletos, também é possível que sejam menos saudáveis, diminuam em número e, possivelmente, entrem em extinção (Kurihara, 2008).

O CO dissolvido$_2$ reage com a água do mar para formar ácido carbónico fraco, o que reduz a disponibilidade do carbonato dissolvido necessário a muitos organismos marinhos calcificadores para construir as suas conchas ou esqueletos (Poloczanska et al., 2007; Guinotte e Fabry 2008).

O dióxido de carbono e o carbonato de cálcio são mais solúveis a baixas temperaturas, pelo que se prevê que a acidificação se faça sentir primeiro em latitudes elevadas e em águas com baixo teor de oxigénio. O aumento das concentrações atmosféricas de dióxido de carbono, o principal gás com efeito de estufa, aumentou os níveis de acidez dos oceanos, o que pode ter um impacto negativo nas pescas. À medida que os oceanos absorvem o dióxido de carbono da atmosfera, as reacções químicas aumentam a acidez da água do oceano (Caldeira e Wickett, 2003; Kurihara, 2008).

As águas superficiais dos oceanos absorveram aproximadamente um terço do dióxido de carbono que entrou na atmosfera nos últimos 100 anos (Denman et. al., 2007; Kurihara, 2008).

Diminuição do oxigénio (hipoxia): Nas zonas costeiras, o oxigénio no mar está a diminuir a um ritmo mais rápido devido ao aumento da matéria orgânica e dos produtos químicos utilizados na captura de peixe. Em águas mais profundas, a hipoxia é causada pelo aumento da estratificação e pela falta de mistura com a água da superfície, que contém mais oxigénio. A diminuição do oxigénio provoca uma elevada mortalidade, reduz a taxa de crescimento e a alimentação dos peixes.

Redução da salinidade: As águas costeiras estão a tornar-se menos salinas devido à fusão do gelo marinho e ao aumento da precipitação nas altas latitudes. Isto provoca um aumento da camada (estratificação) do oceano, resultando numa menor mistura de oxigénio da superfície do oceano para as camadas superiores, reduzindo assim o crescimento dos peixes e da população.

Efeitos na produção de peixe: É previsível que as alterações climáticas influenciem a produção de peixes através de efeitos no sucesso reprodutivo, nos processos de recrutamento, na sobrevivência e no crescimento das espécies-alvo e/ou das suas presas. Estes efeitos ocorrem diretamente, devido à sensibilidade inerente dos organismos marinhos à alteração das condições ambientais, e/ou indiretamente, através da influência das alterações climáticas nos habitats que suportam os peixes ou nos agentes patogénicos que podem controlar a sua abundância (Brander 2007, Munday et al. 2008a).

A reprodução dos peixes é frequentemente muito sensível às flutuações de temperatura (Munday et al. 2008a), pelo que o aquecimento pode ter um efeito positivo ou negativo na produção de ovos, dependendo de a espécie de peixe-alvo estar próxima do seu ótimo térmico. Em geral, a maioria dos peixes está fortemente adaptada à gama de condições ambientais que experimentam ao longo do ano. Prevê-se que aumentos rápidos ou drásticos da temperatura acima das temperaturas máximas normais tenham efeitos negativos significativos na viabilidade global de algumas populações de peixes (Munday et al. 2008b).

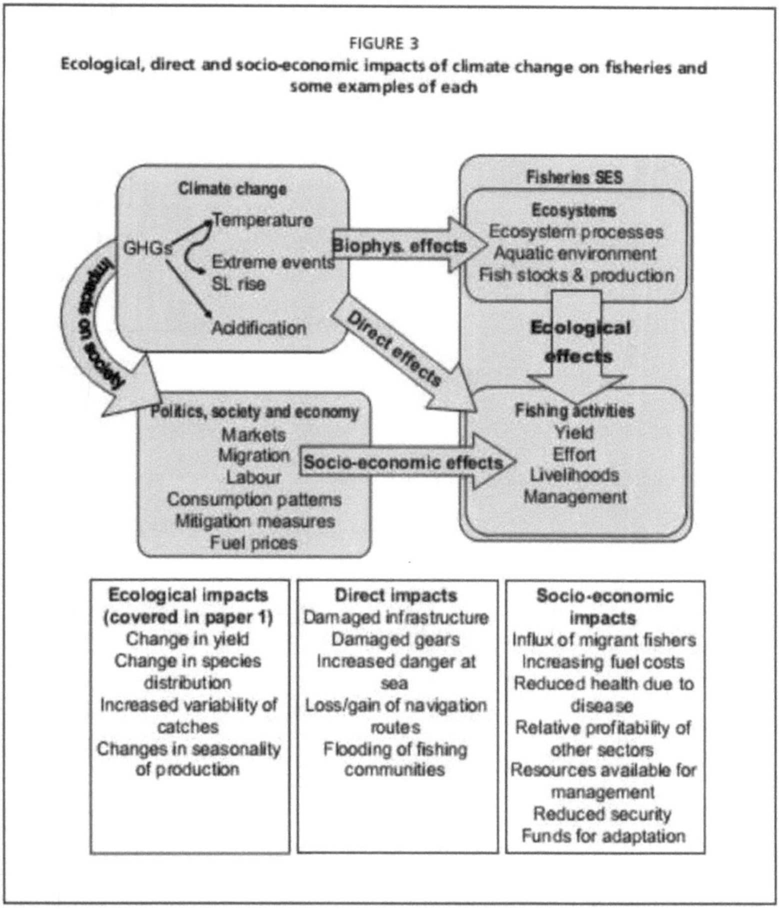

Figura 2.1: Impactos ecológicos, diretos e socioeconómicos das alterações climáticas na pesca

Fonte; (Daw, T.; Adger, W.N.; Brown, K.; Badjeck, M.-C. 2009)

1.1 VIDA.

Um meio de subsistência pode ser definido como as capacidades, os activos e as actividades necessárias para os meios de vida (Chambers e Conway, 1992). Os meios de subsistência são também afectados por um contexto de vulnerabilidade que inclui, por exemplo, a sazonalidade e as mudanças nos preços dos combustíveis (Allison e Horemans, 2006).

O nível de vida dos habitantes das zonas costeiras é afetado de muitas formas, como o comércio, a saúde, a educação, a nutrição e o estatuto económico da comunidade. Tal como acontece com a pesca em pequena escala, as operações de pesca podem ser diretamente perturbadas por condições meteorológicas adversas, enquanto os fenómenos extremos podem danificar os navios e as infra-estruturas em terra. Os portos urbanos e as instalações necessárias para os navios de maiores dimensões podem ser afectados. Um número crescente de grandes cidades costeiras está em risco devido à subida do nível do mar e às condições meteorológicas extremas, especialmente nas economias asiáticas em rápido desenvolvimento (Nicholls et al., 2007a).

Os meios de subsistência têm uma relação direta com os efeitos socioeconómicos das alterações climáticas. Estes efeitos sobre os meios de subsistência podem ser a longo ou a curto prazo. O efeito a curto prazo inclui o seguinte: alterações nas colheitas, alterações no emprego na pesca e na transformação, alterações nos preços, alterações na quota de mercado, alterações nas receitas fiscais locais e estatais, alterações nos valores dos barcos, das artes, das licenças e das quotas de pesca individuais (IFQ), tensões sociais. O efeito a longo prazo inclui: alterações nos preços do peixe, alterações nas tecnologias de captura e utilização das pescas, alterações na gestão das pescas.

CAPÍTULO 3

MATERIAIS E MÉTODO

3.1 MATERIAIS

Os dados recolhidos foram puramente primários de pescadores de Senya-Beraku na Região Central, Gana. O questionário foi a principal fonte de recolha de dados para o estudo, com base em dados relativos aos seguintes anos: últimos vinte, dez, cinco e anos actuais, respetivamente.

3.2 .1 Conceção do questionário

O objetivo do estudo era recolher dados estatísticos (informação) sobre os pontos de vista (opiniões) dos pescadores (homens pescadores e vendedores de peixe) sobre as alterações climáticas e o seu impacto nos seus meios de subsistência. O questionário para o estudo foi dividido em quatro (4) secções. A secção 1 tratava da informação pessoal ou dos dados biográficos dos inquiridos. A secção 2 centrava-se nos conhecimentos e na sensibilização para as alterações climáticas, enquanto a secção 3 tratava da avaliação dos meios de subsistência e, por fim, a secção 4 centrava-se no impacto das alterações climáticas nos seus meios de subsistência. As perguntas eram abertas e fechadas, o que dava aos inquiridos espaço para preencher e respostas possíveis para selecionar, respetivamente.

- Foram aplicados cem (100) questionários durante a investigação.

Conjunto de dados 1: Foram recolhidos dados sobre as estações actuais, os últimos vinte, dez e cinco anos com base em;

- ♦♦ Mudanças na precipitação (padrões e quantidade).
- ♦♦ Mudanças na temperatura da água do mar.
- Mudanças na temperatura do ar do mar.
- ♦♦ Mudanças na intensidade do ar do mar.
- Mudanças no aquecimento da água do mar.

Conjunto de dados 2: O impacto das variações climáticas nos meios de subsistência foi identificado e registado com a ajuda do questionário.

3.1 Área de estudo

A área de estudo deste trabalho de investigação é **Senya Beraku**, uma cidade costeira da Região Central do Gana.

3.2 METODOLOGIA

3.2.1 Conceção do estudo

O inquérito foi de natureza exploratória, uma vez que procurou investigar os pontos de vista dos pescadores (homens pescadores e vendedores de peixe) sobre as alterações climáticas e o seu impacto nos seus meios de subsistência. Pretendia-se obter uma compreensão e uma visão do que sabiam sobre as alterações climáticas e como estas afectam os seus meios de subsistência. A recolha de dados foi efectuada através de técnicas de amostragem intencional.

A metodologia tem como objetivo uma análise holística das causas e impactos da variabilidade climática e das percepções locais dos impactos e perigos relacionados com o clima.

O resultado foi utilizado para traçar gráficos de barras para a temperatura da água do mar, a temperatura do ar do mar, a intensidade do ar do mar, as ocorrências de aquecimento da água do mar e o impacto das alterações ou variações climáticas e os dados foram analisados utilizando o software Microsoft Excel. Os dados foram apresentados através de gráficos, tabelas, frequências, números e percentagens.

CAPÍTULO 4

RESULTADOS E ANÁLISE DE DADOS

4.1 INTRODUÇÃO

Este capítulo trata da recolha de dados, da análise dos dados recolhidos, ou seja: como é que as alterações climáticas e o seu impacto no mar em Senya-Beraku afectaram as actividades de pesca e os meios de subsistência dos pescadores. Foram aplicados questionários a cem pescadores.

4.2 RECOLHA DE DADOS

Tabela 4.1: Género e profissão dos pescadores

GENDER/SEX	OCCUPATION	NUMBER OF FISHER FOLK	% (PERCENT)
MALE	FISHERMEN	62	62
FEMALE	FISH-MONGER	38	38
TOTAL		100	100

A tabela 4.1 mostra a visão geral dos pescadores a quem foram aplicados os questionários. Sessenta e dois (62) e trinta e oito (38) eram pescadores e vendedores de peixe, respetivamente, totalizando cem (100) pescadores.

A Tabela 4.2 indica a **faixa etária** dos pescadores durante o estudo, sendo que as faixas etárias de 15 a 30 anos, 30 a 50 anos e mais de 50 anos representam vinte e sete (27), quarenta e um (41) e trinta e dois (32) pescadores, respetivamente. Dada a soma de cem (100) pescadores visados pelo estudo.

Tabela 4.2: Faixa etária dos pescadores

Age Group (Years)	Number of Fisher Folk	(%) Percentage
15 – 30	27	27
30 – 50	41	41
➢ 50	32	32
TOTAL	**100**	**100**

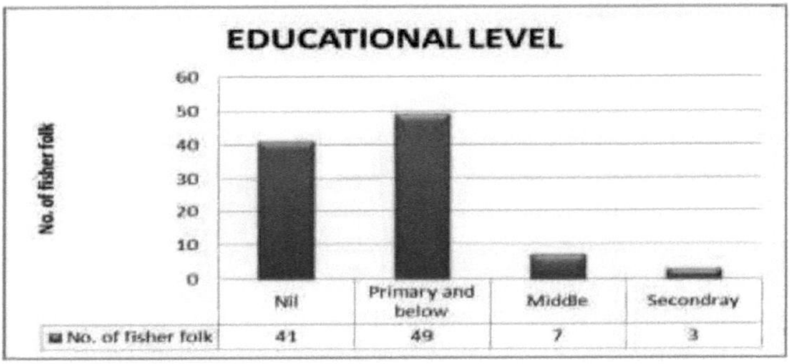

Figura 4.1: **Nível de escolaridade dos pescadores**

A figura 4.1 mostra o nível educacional dos pescadores. O pico mais alto de quarenta e nove pescadores tinha educação formal até o nível primário; quarenta e um pescadores não tinham educação formal e estavam na profissão de pescador desde a infância, enquanto sete e três pescadores tinham

A sua educação é de nível médio e secundário, respetivamente. A formação académica ajudaria na transmissão de informações relativas a medidas de adaptação às alterações climáticas para melhorar o nível de vida dos pescadores.

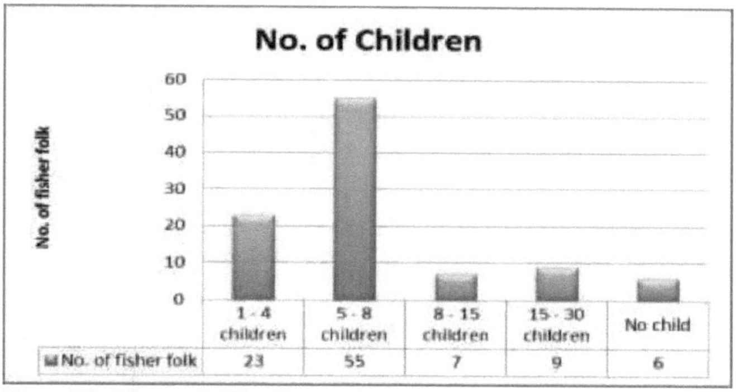

Figura 4.2 : Número de filhos de pescadores

A Figura 4.2 representa o número de pescadores e seus dependentes. O maior pico de cinqüenta e cinco (55) pescadores declarou que seu número de filhos varia de 5 a 8. Vinte e três (23) pescadores têm seus dependentes na faixa de 1 a 4 filhos, enquanto nove (9) e sete (7) pescadores têm dependentes na faixa de 16 a 30 e 9 a 15 filhos, respetivamente. Seis (6) pescadores do gráfico não têm filhos. A responsabilidade de assegurar as necessidades humanas básicas das crianças, nomeadamente, alimentação, **vestuário, abrigo ou cuidados de saúde, depende** dos pais (pescadores).

4.2 EFEITOS NAS VARIÁVEIS (PARÂMETROS) DA ÁGUA DO MAR.

4.2.1 Temperatura da água do mar

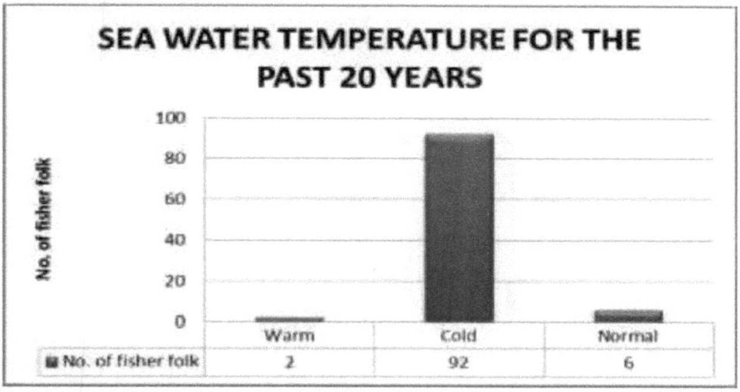

Figura 4.3: Temperatura da água do mar nos últimos 20 anos

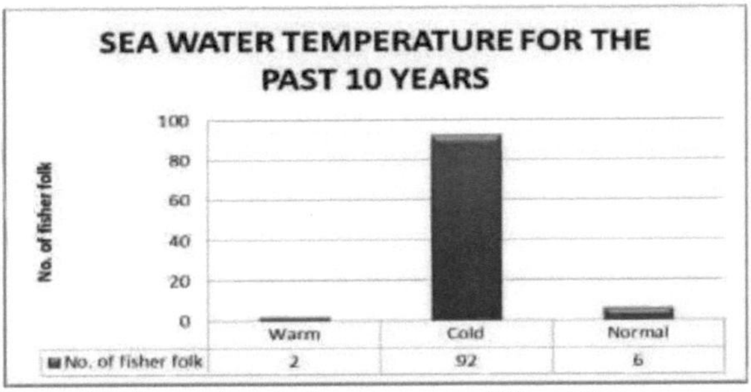

Figura 4.4: Temperatura da água do mar nos últimos 10 anos

A Figura 4.3 e **a Figura 4.4** representam a temperatura da água do mar nos últimos vinte (20) e dez (10) anos. O maior pico do gráfico indica que a temperatura da água do mar tem sido fria nos últimos vinte (20) e dez (10) anos respetivamente. Noventa e dois (92) pescadores que responderam indicaram a maior frequência de frio para a temperatura da água do mar, enquanto seis (6) e dois (2) pescadores indicaram que a temperatura da água do mar era normal e quente, respetivamente, nos últimos vinte e dez anos, respetivamente. Isto indica que a temperatura da água do mar nos últimos vinte a dez anos foi muito fria.

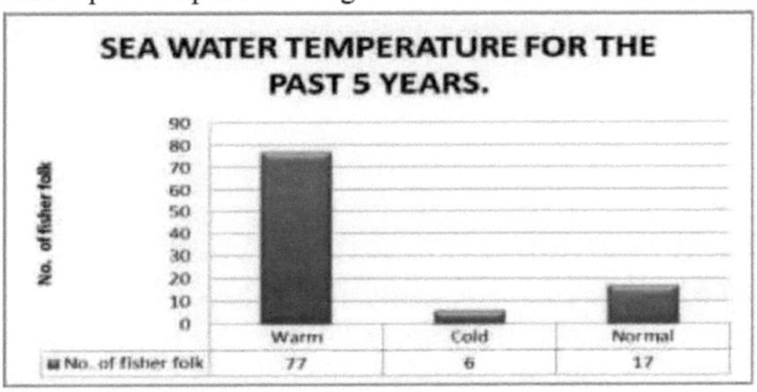

Figura 4.5: Temperatura da água do mar nos últimos 5 anos

A figura 4.5 mostra a temperatura da água do mar nos últimos cinco (5) anos. Este gráfico indica que a temperatura da água do mar varia entre quente, fria e normal, para a qual o pico mais alto cai claramente na temperatura quente da água do mar nos últimos cinco anos com a frequência de setenta e sete pescadores indicando essa temperatura, enquanto dezassete (17) e seis (6) pescadores responderam à temperatura normal e fria, respetivamente.

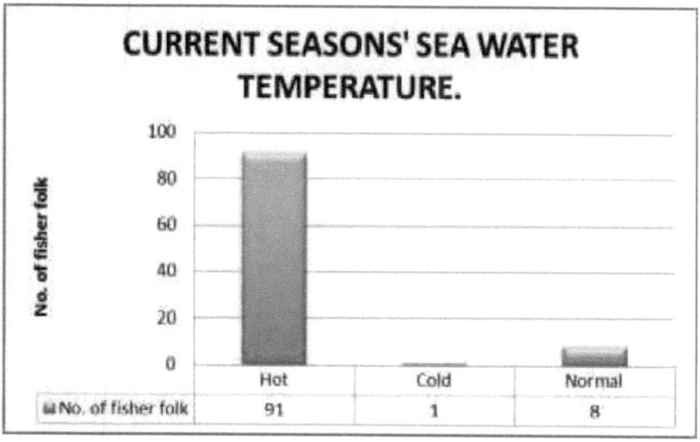

Figura 4.6: Temperatura da água do mar nas estações actuais

A figura 4.6 representa a temperatura da água do mar para as estações de pesca actuais. O maior pico de **noventa e um pescadores indica que a temperatura da água do mar nas estações actuais é muito quente, enquanto que oito** e um pescadores representam a resposta para a temperatura normal e fria. Isto indica claramente que a temperatura da água do mar para as estações actuais atingiu um pico muito quente.

Comparativamente, tem havido variações da temperatura da água do mar nos últimos vinte, dez, cinco e actuais anos. A temperatura da água do mar teve um pico mais elevado de frio nos últimos vinte e dez anos, mas atingiu um pico mais elevado de calor nos últimos cinco anos e nas actuais campanhas de pesca. As variações climáticas no que diz respeito à temperatura da água do mar são alarmantes e isto deve-se ao aquecimento global que resulta numa maior intensidade das radiações solares e numa elevada acidez dos oceanos devido aos métodos de pesca e aos resíduos industriais que provocam a ocorrência de temperaturas mais elevadas na água do mar. Com o aumento da temperatura da água, alguma vida marinha migrará para águas mais frias, enquanto outras espécies de plantas e animais podem morrer.

4.3 Ocorrência e intensidade do aquecimento da água do mar.

4.3.1 Ocorrência do aquecimento da água do mar

Tabela 4.3: Ocorrência do aquecimento da água do mar

HAVE SEA WATER WARMING OCCURRED? - (Number of fisher folk)				
YEARS	**Yes**	**No**	**Normal**	**No Idea**
Over the past 20 years	7	66	8	19
Over the past 10 years	19	54	8	19
Over the past 5 years.	60	13	8	19
Current Seasons'/Years	60	12	9	19

A tabela 4.3 mostra a visão geral do conhecimento dos pescadores sobre a ocorrência do aquecimento da água do mar nos últimos vinte (20), dez (10), cinco (5) anos e nas estações actuais, respetivamente. A **tabela 4.3** revela que, nos últimos vinte anos, a ocorrência do aquecimento da água do mar não foi notada pela maioria dos sessenta e seis (66) pescadores. Também a partir da **tabela 4.3**, nos últimos dez anos a ocorrência do aquecimento da água do mar aumentou gradualmente para o qual dezanove (19) pescadores responderam "sim" e (54) cinquenta e quatro pescadores responderam "não" para a ocorrência do aquecimento da água do mar indicando a maioria. Além disso, a partir da tabela, a ocorrência do aquecimento da água do mar nos últimos cinco (5) e nas **estações actuais registou sessenta (60) respostas "sim" como uma frequência maioritária de ocorrência por parte dos pescadores,** respetivamente.

A partir da Tabela 4.3, uma média de oito (8) pescadores responderam "normal", para a ocorrência **do aquecimento da água do mar** ao longo dos anos considerados para o estudo. O que implica que a ocorrência do aquecimento da água do mar tem tido o mesmo efeito nos últimos vinte (20), dez (10), cinco (5) anos e nas estações actuais, respetivamente.

Também a partir da **tabela 4.3, uma média de dezanove (19) pescadores não tinham "nenhuma ideia" sobre a ocorrência do** aquecimento da água do mar.

O aquecimento da água do mar tem vindo a ocorrer de estação para estação nos últimos cinco (5) anos devido ao aumento da temperatura da água do mar, o que é muito prejudicial para as espécies aquáticas marinhas. À medida que ocorre o aquecimento da água do mar, as espécies aquáticas migram da sua zona de conforto para uma área de habitat adequada que possa suportar a sua vida e a multiplicação das suas espécies.

4.3.2Intensidade do aquecimento da água do mar

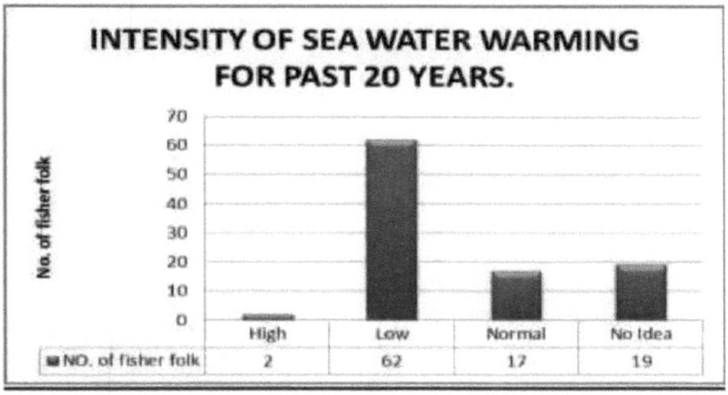

Figura 4.7: Intensidade do aquecimento da água do mar nos últimos 20 anos

Figure 4.7 representa a intensidade do aquecimento da água do mar nos últimos vinte anos, indicando

A maioria dos inquiridos, sessenta e dois (62) pescadores, respondeu que o aquecimento da água do mar ocorreu nos últimos vinte anos com uma intensidade mais baixa, enquanto que dezassete (17) e dois (2) pescadores responderam que a intensidade do aquecimento da água do mar foi normal e mais elevada. Dezenove pescadores (19) não tinham idéia da intensidade do aquecimento da água do mar.

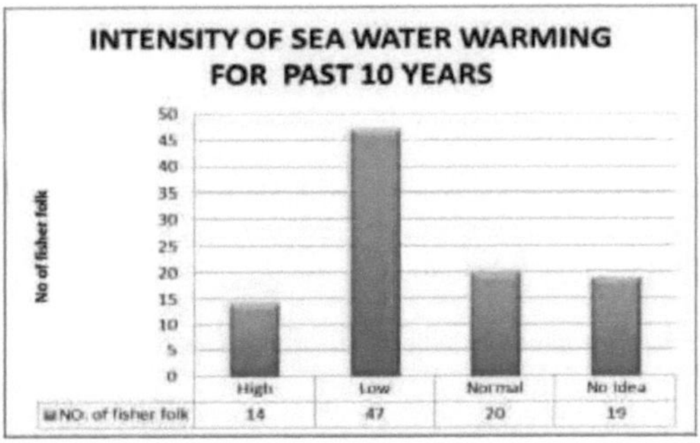

Figura 4.8: Intensidade do aquecimento da água do mar nos últimos 10 anos

Figure 4.8 representa a intensidade do aquecimento da água do mar nos últimos dez anos. Quarenta e sete (47) pescadores, portanto a maioria, indicaram que a intensidade do aquecimento da água do mar nos últimos dez (10) anos foi baixa, enquanto quatorze (14) pescadores indicaram que a intensidade do efeito do aquecimento é alta. Além disso, vinte (20) pescadores responderam que a intensidade do aquecimento da água do mar é normal e dezanove (19) pescadores não têm nenhuma opinião sobre o efeito do aquecimento da água do mar.

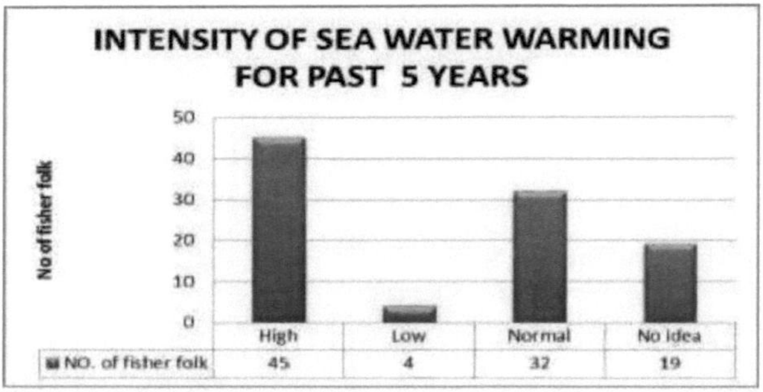

Figura 4.9: Intensidade do aquecimento da água do mar nos últimos 5 anos

A figura 4.9 mostra a intensidade do aquecimento da água do mar nos últimos cinco (5) anos. O pico mais alto de quarenta e cinco (45) denota a maioria dos pescadores que responderam que o efeito de enxameação da água do mar aumentou em alta intensidade, enquanto trinta e dois (32) entrevistados indicaram intensidade normal de aquecimento da água do mar, o que implica que o aquecimento da água do mar estava flutuando de baixa a alta intensidade. Além disso, o efeito de menor intensidade de aquecimento da água do mar diminuiu absolutamente.

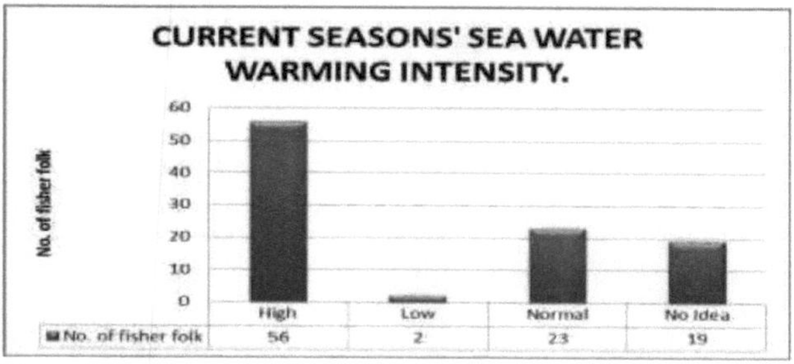

Figura 4.10: Intensidade do aquecimento da água do mar nas estações actuais

Figure 4.10 representa a intensidade do aquecimento da água do mar nas estações actuais, sendo que a maior

O pico indica cinquenta e seis (56) inquiridos com maior intensidade de aquecimento da água do mar nas actuais campanhas de pesca. O gráfico indica que o aquecimento da água do mar aumentou e também que a sua intensidade atingiu um pico mais elevado.

4.3.3Meses/épocas do aquecimento da água do mar

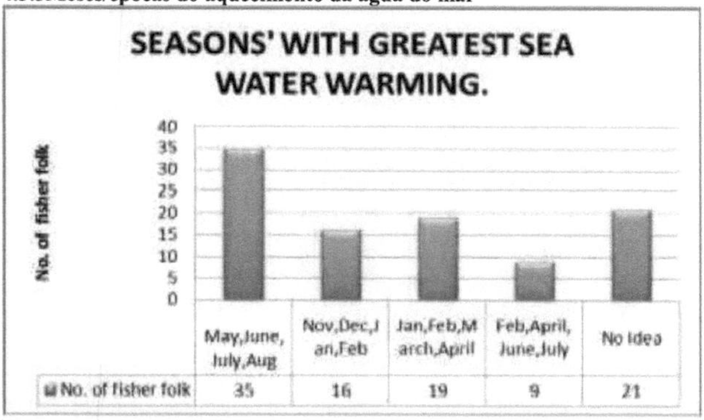

Figura 4.11: Estações do ano com maior intensidade de aquecimento da água do mar

Figure 4.11 indica os meses em que o aquecimento da água do mar atinge o seu maior pico. Mostra claramente que o aquecimento da água do mar ocorre em quase todos os meses do ano, mas os períodos de maior ocorrência são maio, junho, julho e agosto.

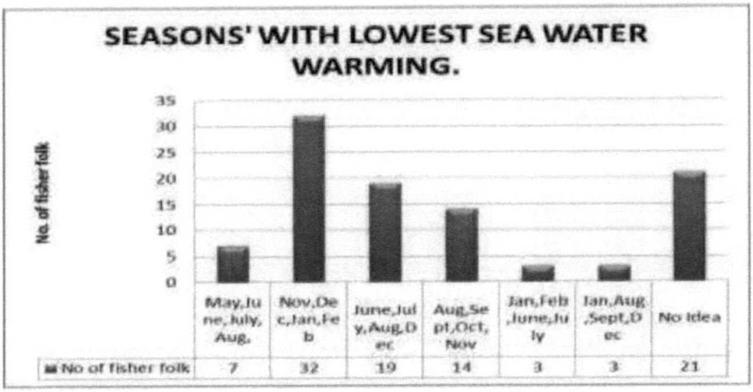

Figura 4.12: Estações' de menor aquecimento da água do mar

Figure 4.12 representa os meses ou estações em que se regista o menor aquecimento da água do mar. O gráfico mostra claramente que o aquecimento da água do mar ocorre em quase todos os meses, mas é em janeiro, fevereiro, novembro e dezembro que se regista o menor efeito de aquecimento da água do mar.

4.4 EFEITOS NAS VARIÁVEIS (PARÂMETROS) DA ATMOSFERA MARÍTIMA

4.4.1 Efeitos na temperatura do ar do mar.

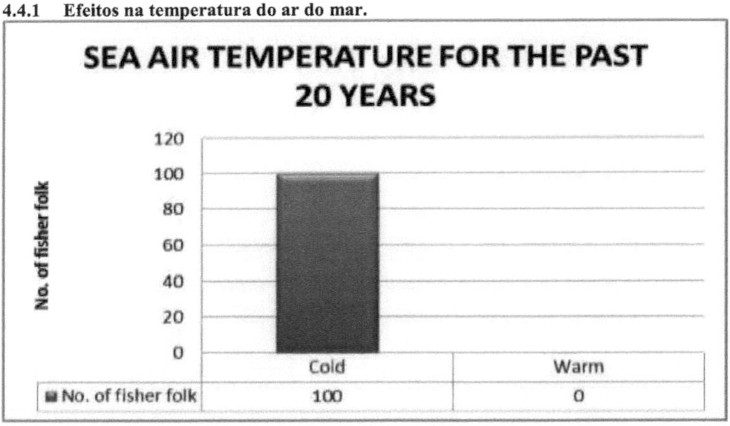

Figura 4.13: Temperatura do ar do mar nos últimos 20 anos.

Figure 4.13 indica a reação dos pescadores à temperatura do ar do mar nos últimos vinte anos.

Todos os inquiridos indicaram que a temperatura do ar marítimo tem sido muito fria nos últimos vinte anos.

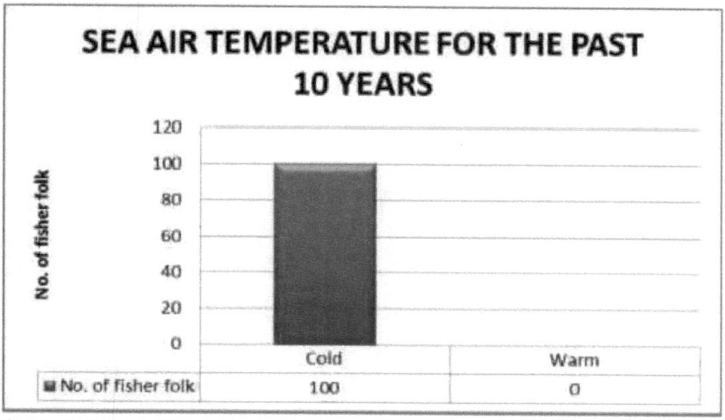

Figura 4.14: Temperatura do ar do mar nos últimos 10 anos

Figure 4.14 representa a opinião dos pescadores sobre a temperatura do ar do mar nos últimos dez anos. O maior pico, de cem (100) pescadores, indicou que a temperatura do ar do mar tem sido fria nos últimos dez (10) anos.

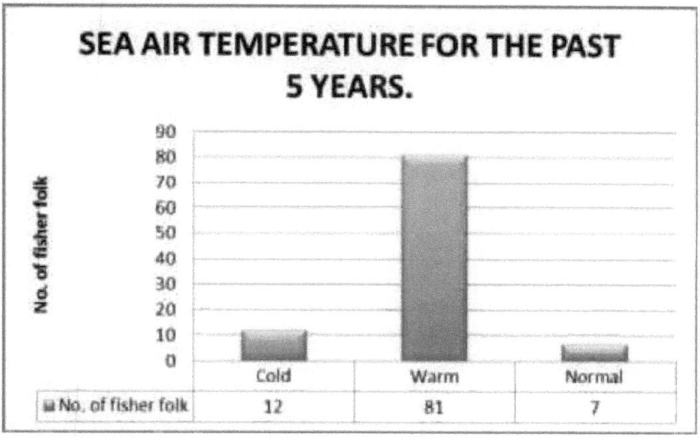

Figura 4.15: Temperatura do ar do mar nos últimos 5 anos

A figura 4.15 representa a resposta dos pescadores sobre a temperatura do ar do mar nos últimos cinco anos. O pico mais alto indica que oitenta e um (81) pescadores responderam que o ar do mar atingiu uma temperatura mais quente nos últimos cinco anos, enquanto doze (12) pescadores indicaram que a temperatura do ar do mar foi fria nos últimos cinco anos e sete (7) pescadores responderam que a temperatura do ar do mar foi normal nos últimos cinco anos.

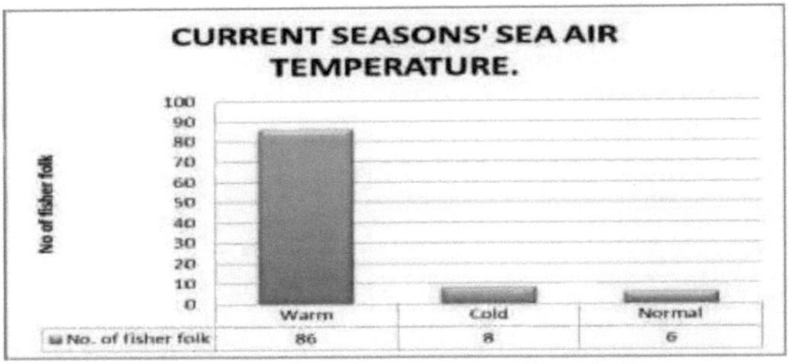

Figura 4.16: Temperatura do ar do mar nas estações actuais

A figura 4.16 indica a opinião dos inquiridos sobre a temperatura do ar do mar nas actuais épocas de pesca. A temperatura do ar do mar atingiu um pico máximo de aquecimento, de acordo com as respostas dos pescadores durante as actuais épocas de pesca. O pico mais alto de oitenta e seis pescadores indica a opinião da maioria dos inquiridos sobre a temperatura do ar do mar na época atual.

Comparativamente, a partir do estudo, a temperatura do ar do mar atingiu a variação máxima ao longo dos últimos cinco anos para a atual temporada de pesca do povo pescador responder e que tem afetado a captura de peixes porque os peixes não podem migrar para a superfície da água do mar para o ar fresco e água limpa na superfície do mar. O estudo indica que o aquecimento da água do mar atinge o pico com o passar das estações.

4.4.2 Efeitos sobre a intensidade ar-mar

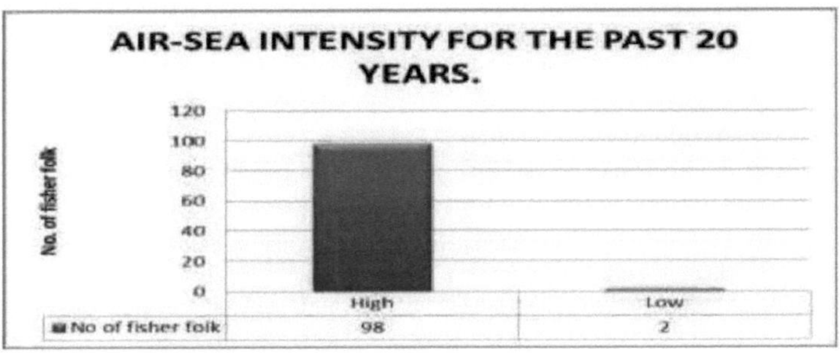

Figure 4.17 Intensidade Ar-Mar nos últimos 20 anos

Figure 4.17 representa a opinião dos inquiridos sobre a intensidade do ar-mar (velocidade do vento) nos últimos vinte anos. A maioria dos noventa e oito (98) pescadores indicou que nos últimos vinte (20) anos, a intensidade do ar-mar foi muito alta.

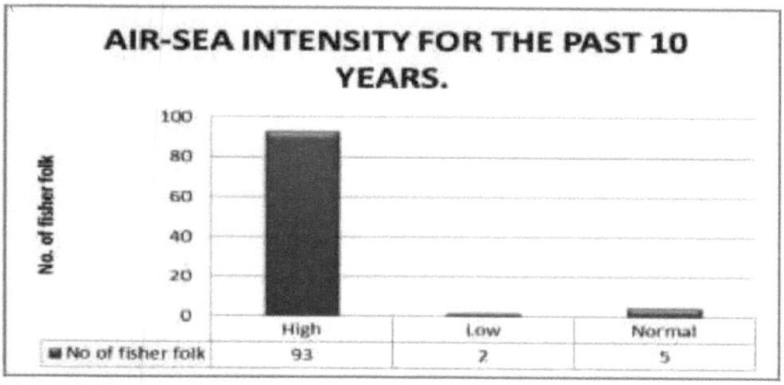

Figura 4.18: Intensidade ar-mar nos últimos 10 anos

Figure 4.18 indica a resposta dos pescadores nos últimos dez anos sobre a intensidade do ar-mar (velocidade do vento). O maior pico indica que noventa e três pescadores responderam que a intensidade da água ar-mar foi muito alta nos últimos dez anos e cinco (5) pescadores indicaram que a intensidade ar-mar foi normal e dois (2) pescadores indicaram que a intensidade ar-mar nos últimos dois anos foi normal.

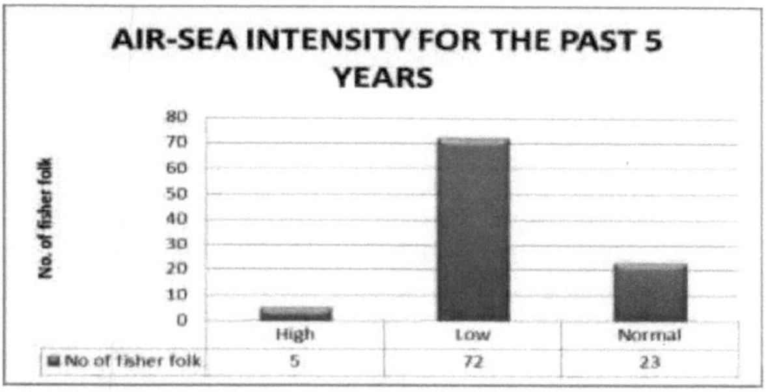

Figura 4.19: Intensidade ar-mar nos últimos 5 anos

Figure 4.19 representa a resposta dos pescadores sobre a intensidade do ar-mar (velocidade do vento) nos últimos cinco anos. O gráfico mais alto indica que a maioria dos setenta e dois pescadores responderam que a velocidade do vento no mar é baixa, enquanto vinte e três pescadores indicaram que a intensidade do ar-mar tem sido normal nos últimos cinco anos e cinco (5) pescadores indicaram alta intensidade do ar-mar nos últimos cinco anos.

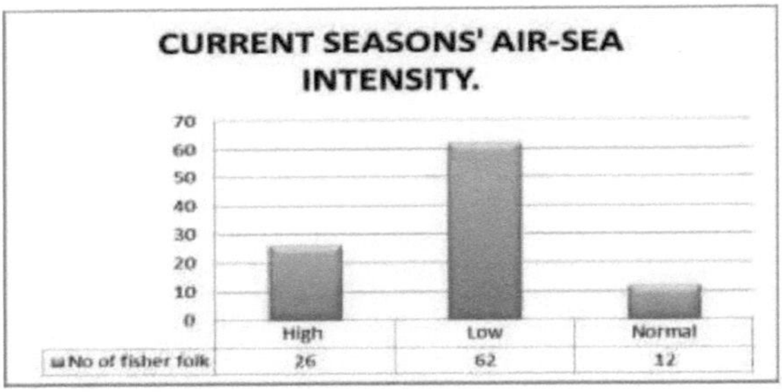

Figura 4.20: Intensidade ar-mar das estações actuais

Figure 4.20 indica a intensidade do mar aéreo (velocidade do vento) na perspetiva do inquirido para as épocas de pesca actuais. A partir do gráfico, o ar-mar, apesar de ter um pico baixo como a sua maior altura, a intensidade do ar-mar está a aumentar de estação para estação. As estações actuais sofreram variações em relação à baixa intensidade da água do mar, sessenta e dois (62) pescadores responderam indicando a maioria do resultado, enquanto vinte e seis (26) pescadores responderam um efeito de alta velocidade do vento no mar. Tem sido postulado que a velocidade do vento tem um efeito maior na troca de gás ar-mar no oceano. (Nightingale, 2009) As trocas gasosas ar-mar desempenham um papel importante na regulação do clima, controlando a taxa de absorção de dióxido de carbono (CO_2) pelo oceano. A nível mundial, o controlo dominante das trocas gasosas ar-mar é a energia turbulenta fornecida pelo vento à interface ar-mar. (Ho et al., 2006)

4.5 EFEITOS NAS VARIÁVEIS DE PRECIPITAÇÃO.

4.5.1 VARIAÇÕES NOS DIAS E ESTAÇÕES DE CHUVA

Tabela 4.4: Variações nos dias e estações de chuva

Have there been variations in rainy days? – (Number of fisher folk)		
Years	Yes	No
Over the past 20 years	-	100
Over the past 10 years	75	25
Over the past 5 years	83	17
Current Years/Seasons	100	-

A Tabela 4.4 indica as respostas para a variação dos dias de chuva nos últimos vinte, dez, cinco anos e nos anos actuais. Os inquiridos indicaram que, nos últimos dez (10), cinco (5) e nas épocas actuais, os dias e as épocas de precipitação específicos sofreram grandes alterações em comparação com os últimos vinte anos. Também nos últimos vinte anos, os inquiridos indicaram que a ocorrência de variação nos dias de chuva não foi notada, para os quais os pescadores poderiam prever dias e estações exactos para os dias e épocas de chuva maiores e menores.

4.6 EFEITOS NO PADRÃO DE PRECIPITAÇÃO

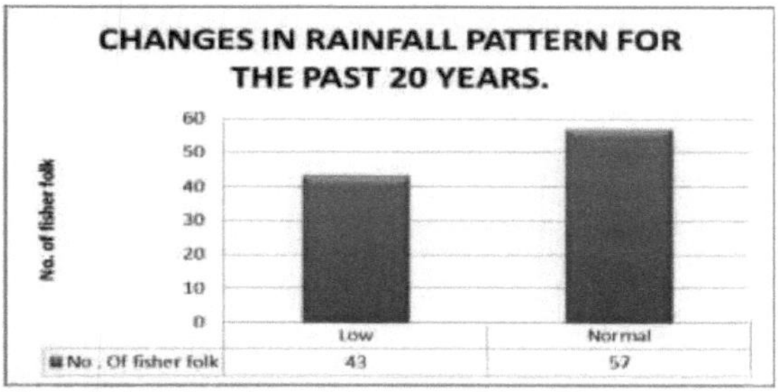

Figura 4.21: Padrão de precipitação nos últimos 20 anos

A figura 4.21 indica a resposta dos pescadores em relação às mudanças no padrão de precipitação nos últimos vinte anos. A partir do gráfico, nos últimos vinte anos, as variações no padrão de precipitação foram normais, para as quais a maioria dos cinqüenta e sete pescadores deu essa resposta, enquanto quarenta e três pescadores indicaram baixas variações no padrão de precipitação.

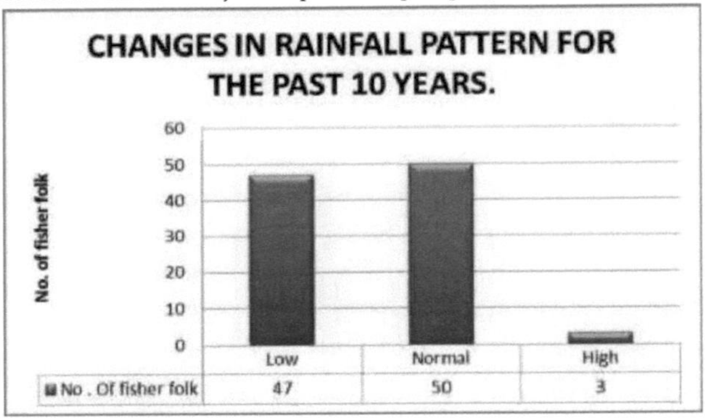

Figura 4.22: Padrão de precipitação nos últimos 20 anos

A figura 4.22 representa a resposta dos pescadores sobre as mudanças no padrão de precipitação nos últimos dez anos. A maioria dos cinquenta (50) pescadores indicou que as variações no padrão de precipitação foram normais nos últimos dez anos, enquanto quarenta e sete (47) pescadores indicaram uma baixa variação no padrão de precipitação nos últimos dez anos e três (3) pescadores responderam uma alta mudança no padrão de precipitação nos últimos dez anos.

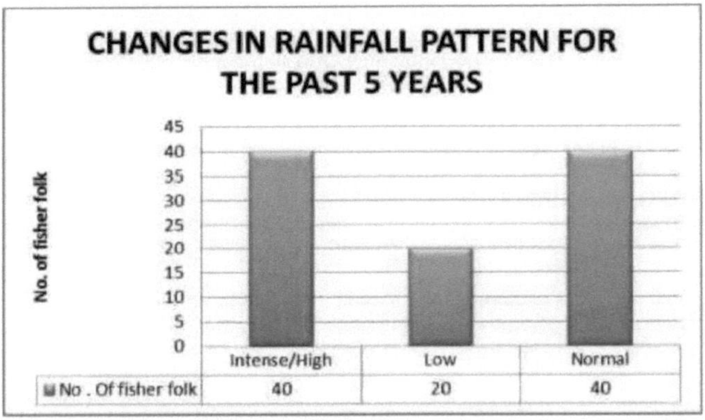

Figura 4.23: Padrão de precipitação nos últimos 5 anos

A figura 4.23 indica a resposta dos pescadores sobre as mudanças no padrão de precipitação nos últimos cinco anos. O maior pico de quarenta pescadores indicou, respetivamente, variações altas e normais no padrão de precipitação, enquanto vinte pescadores também indicaram mudanças baixas no padrão de precipitação nos últimos cinco anos, respetivamente. A observação geral indica grandes mudanças no padrão de precipitação nos últimos cinco anos.

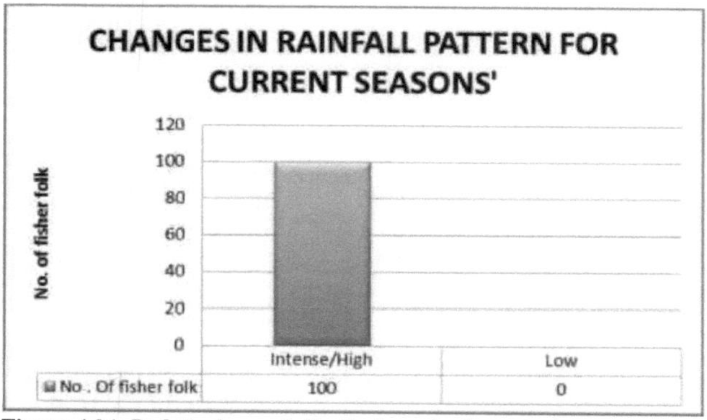

Figura 4.24: Padrão de precipitação das estações actuais

A figura 4.24 indica a resposta dos pescadores sobre as mudanças no padrão de precipitação durante as estações de pesca actuais. Todos os pescadores indicaram uma grande mudança no padrão de precipitação durante a atual temporada de pesca. Em anos anteriores, o padrão de precipitação poderia ser sugerido pelo pescador em horários e dias específicos, mas sofreu uma variação drástica na atual temporada de pesca.

4.6.1 EFEITOS NA QUANTIDADE DE PRECIPITAÇÃO

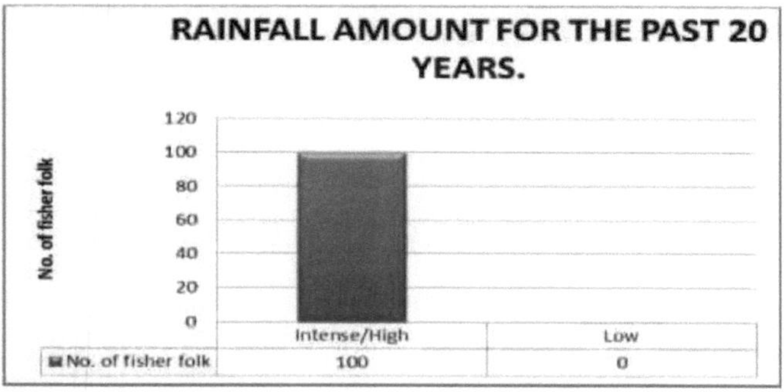

Figure 4.25: Quantidade de precipitação nos últimos 20 anos

Figure 4.25 indica a resposta dos pescadores sobre a quantidade de chuva nos últimos vinte anos. Todos os pescadores indicaram que a quantidade de chuva nos últimos vinte anos foi muito alta.

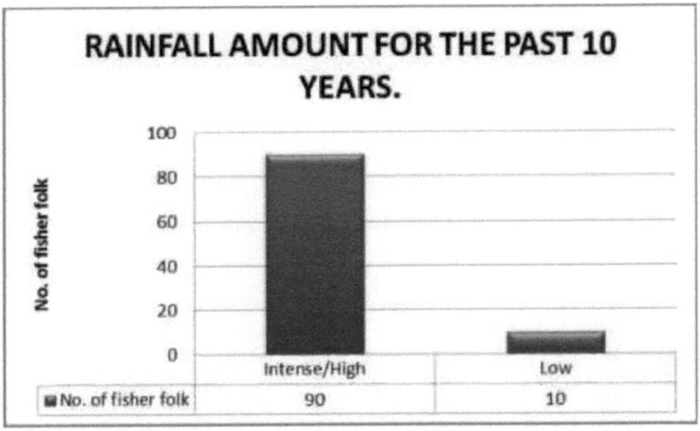

Figura 4.26: Quantidade de precipitação nos últimos 10 anos

A figura 4.26 representa a resposta dos pescadores sobre a quantidade de chuva nos últimos dez anos. O maior pico de noventa pescadores, representando a maioria, indicou alta quantidade de chuva nos últimos dez anos.

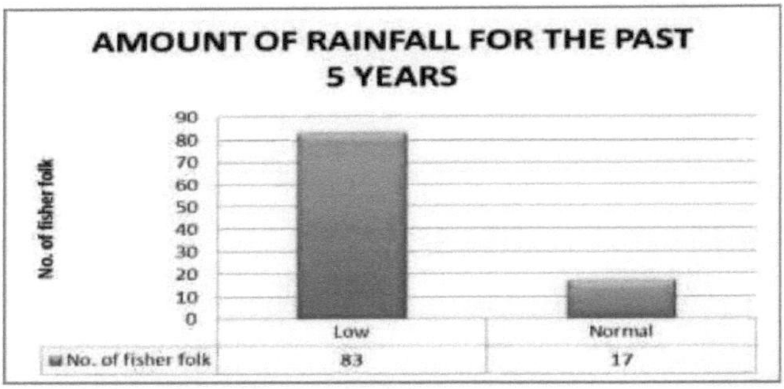

Figura 4.27: Quantidade de precipitação nos últimos 5 anos

A Figura 4.27 representa a opinião dos inquiridos sobre a quantidade de precipitação nos últimos cinco (5) anos. A quantidade de chuva nos últimos cinco anos tem sido baixa, de acordo com o gráfico. O pico mais alto indica que oitenta e três pescadores responderam que a quantidade de chuva foi baixa, enquanto dezassete pescadores responderam que a quantidade de chuva foi normal, respetivamente, nos últimos cinco anos.

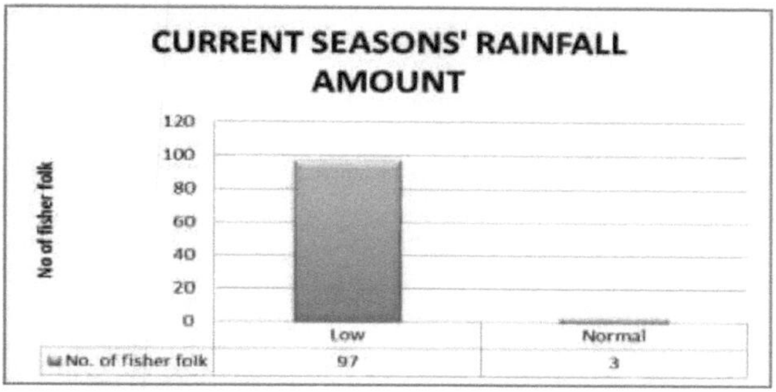

Figura 4.28: Quantidade de precipitação para as estações actuais

A Figura 4.28 indica a opinião dos inquiridos sobre a quantidade de precipitação durante as estações actuais. O gráfico indica que a quantidade de chuva diminuiu durante as estações de pesca actuais. A maioria dos noventa e sete pescadores indica que a quantidade de chuva tem sido baixa durante a estação atual.

4.7 ESTATUTO DE SUBSISTÊNCIA.

4.7.1 PROFISSÃO DE PESCADOR E OUTRAS ACTIVIDADES EXERCIDAS.

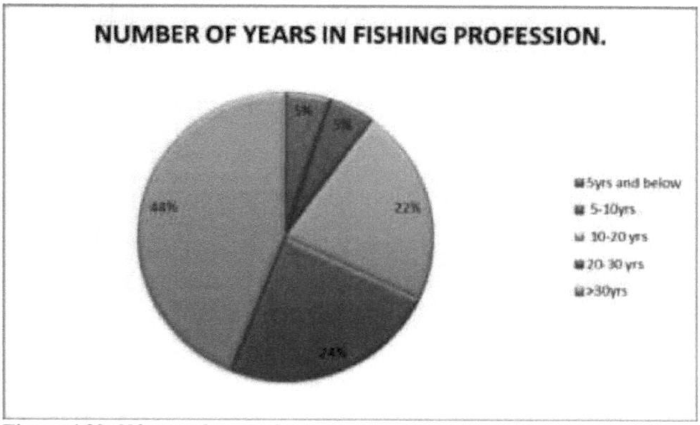

Figura 4.29: Número de anos dos pescadores na profissão de pescador

A figura 4.29 mostra a percentagem de inquiridos e a sua duração na profissão de pescador. A partir do gráfico acima, a maior percentagem de quarenta e quatro (44) indica um número de quarenta e quatro pescadores que estão na profissão de pescador há mais de trinta (> 30) anos.30) anos, a percentagem de vinte e quatro (24) representa os pescadores na profissão de pescador com duração de vinte a trinta (20-30) anos, a percentagem de vinte e dois (22) indica os pescadores na profissão de pescador entre dez a vinte (10-20) anos e a menor percentagem de cinco (5) representa os inquiridos na profissão de pescador com uma duração de cinco a dez (5-10) anos e também cinco anos e menos (< 5).

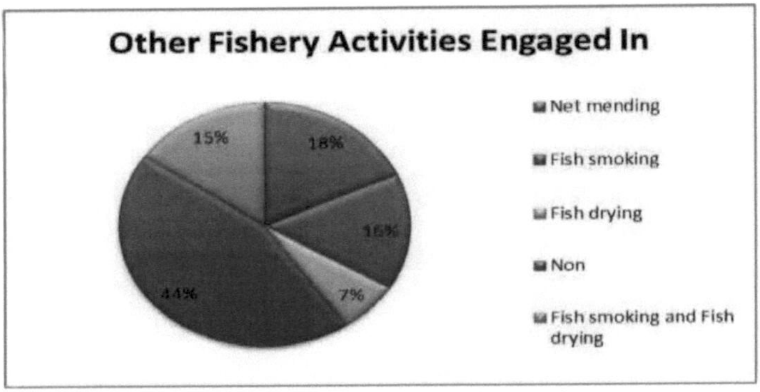

Figura 4.30: Outras actividades de pesca exercidas pelos pescadores

A figura 4.30 representa a percentagem de inquiridos envolvidos noutras actividades de pesca ou ocupações. A maior percentagem de quarenta e quatro (44%) não está envolvida noutras actividades de pesca, tais como a reparação de redes, a fumagem de peixe e a secagem de peixe. Além disso, uma percentagem de dezoito (18%) e dezasseis (16%) pescadores, respetivamente, estão envolvidos na reparação de redes e na defumação de peixe, enquanto uma percentagem de quinze (15%) está envolvida na defumação e secagem de peixe e a percentagem restante de sete (7%) indica que os pescadores estão envolvidos apenas na secagem de peixe.

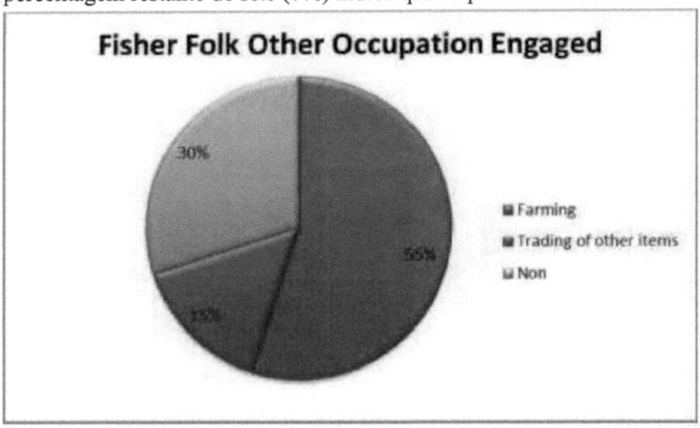

Figura 4.31: Pescadores com outras ocupações não relacionadas com a pesca.

A Figura 4.31 mostra a percentagem de respostas para a outra ocupação dos pescadores. A percentagem de cinquenta e cinco (55%) indica que a maioria dos pescadores está envolvida em actividades agrícolas. Além disso, uma porcentagem de trinta (30%) pescadores indicou que eles não estão envolvidos em nenhuma outra ocupação além de suas profissões de pesca, enquanto apenas uma porcentagem de quinze (15%) pescadores indicou o comércio de outros itens para sustentar seu padrão de vida.

4.7.2 OUTRAS OCUPAÇÕES E ACTIVIDADES DE PESCA DOS PESCADORES

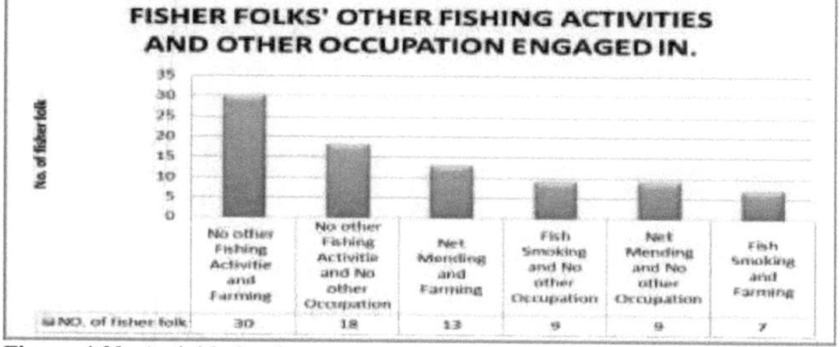

Figura 4.32: Actividades de pesca e outras ocupações exercidas pelos pescadores

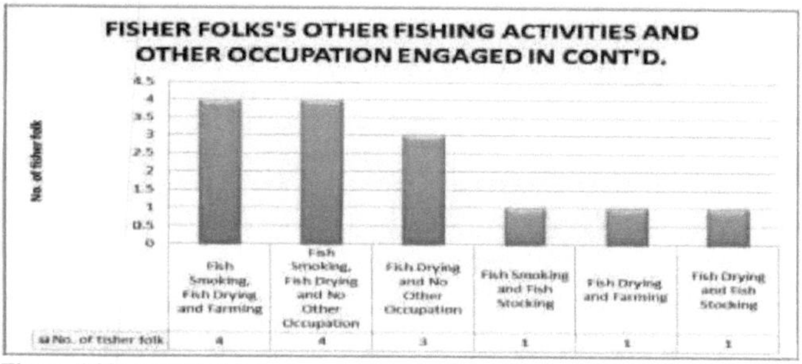

Figura 4.33: Actividades de pesca e outras ocupações exercidas pelos pescadores

A Figura 4.32 e a Figura 4.33 indicam os pescadores que estão envolvidos em outras atividades de pesca, como defumação de peixes, conserto de redes e secagem de peixes, e outras ocupações, como agricultura e criação de peixes. A maioria dos entrevistados, trinta (30) pescadores, está envolvida na agricultura e não em outras atividades de pesca, também dezoito (18) pescadores não estão envolvidos em outras ocupações e outras atividades de pesca, enquanto treze (13) pescadores estão envolvidos em atividades agrícolas e no conserto de redes. Além disso, nove (9) pescadores estão envolvidos apenas com a defumação de peixe e nenhuma outra ocupação e também nove (9) pescadores estão envolvidos com o conserto de redes e nenhuma outra ocupação. Sete (7) pescadores estão envolvidos tanto na agricultura como na defumação de peixe, enquanto quatro (4) pescadores estão envolvidos na defumação de peixe, secagem de peixe e agricultura, e também quatro (4) pescadores estão envolvidos apenas na defumação e secagem de peixe. Três (3) pescadores estão envolvidos em secagem de peixe e nenhuma outra ocupação, enquanto apenas um entrevistado, respetivamente, está envolvido em defumação de peixe e armazenamento de peixe, secagem de peixe e armazenamento de peixe, secagem de peixe e agricultura do estudo.

4.8 EFEITO NAS CAPTURAS DE PEIXE

4.8.1 Capacidade de captura de peixe

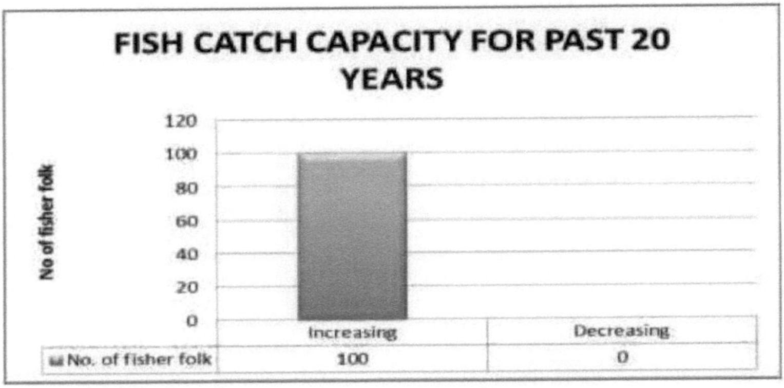

Figura 4.34: Capacidade de captura de peixe nos últimos 20 anos

Figure 4.34 representam respostas sobre a capacidade de captura de peixe nos últimos vinte (20) anos. O gráfico mostra que a capacidade de captura de peixe nos últimos vinte (20) anos atingiu o seu ponto mais alto. Além disso, todos os inquiridos atestaram que as capturas de peixe aumentaram durante esse período.

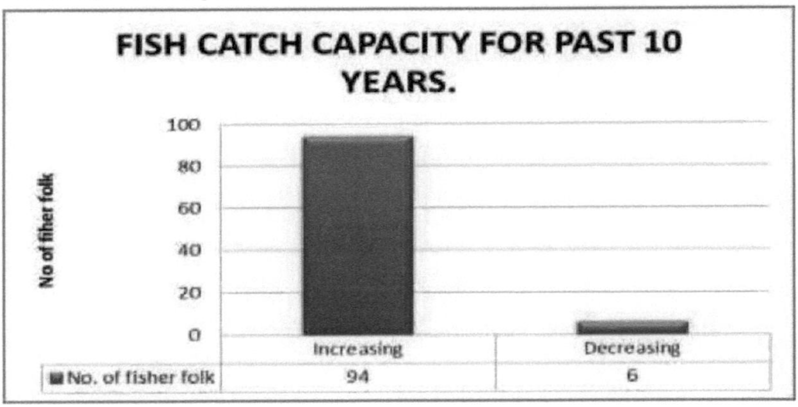

Figura 4.35: Capacidade de captura de peixe nos últimos 10 anos

Figure 4.35 representa a **opinião dos inquiridos sobre a captura de peixe nos últimos dez (10) anos. A maioria dos pescadores** respondeu que a capacidade de captura de peixe está no seu pico mais alto e crescente nos últimos dez anos da época de pesca.

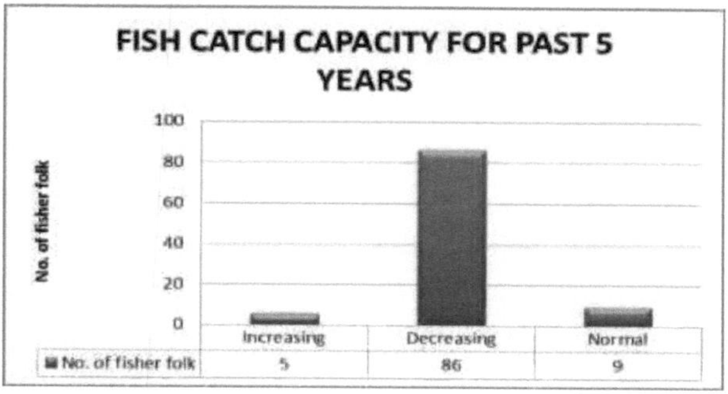

Figura 4.36: Capacidade de captura de peixe nos últimos 5 anos

Figure 4.36 representa as respostas dos pescadores sobre a captura de peixe nos últimos cinco (5) anos. O gráfico acima indica uma redução maciça da capacidade de captura de peixe, para a qual a maioria dos oitenta e seis (86) pescadores indicou uma diminuição da capacidade de captura de peixe.

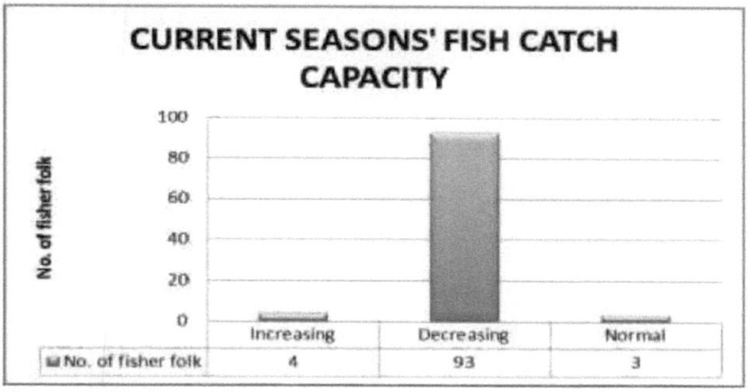

Figura 4.37: Capacidade de captura de peixe das estações actuais

Figure 4.37 indica a opinião dos inquiridos sobre a capacidade de captura de peixe durante as épocas actuais. A capacidade de captura de peixe durante as actuais épocas de pesca tem experimentado uma taxa decrescente e um pico. A maioria dos inquiridos, noventa e três pescadores, indicou uma elevada taxa de diminuição da capacidade de captura de peixe na época atual em comparação com o peixe capturado nos últimos vinte e dez períodos de pesca.

4.8.2 ÉPOCAS DE GRANDE CAPTURA DE PEIXE

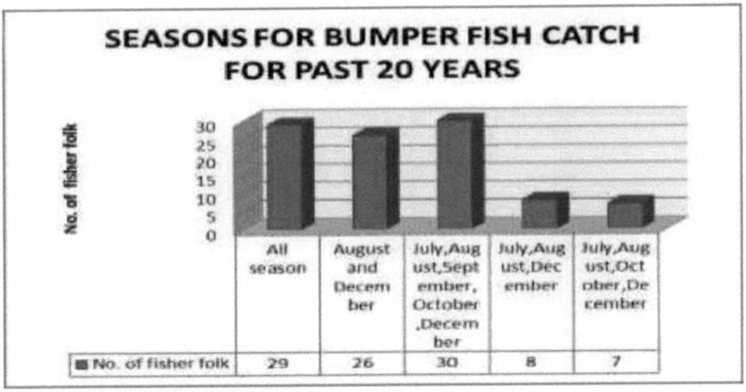

Figura 4.38: Épocas de pesca do peixe-rei nos últimos 20 anos

Figure 4.38 representa a grande captura de peixe da época, que ocorreu nos últimos vinte anos. De

O gráfico de trinta (30) inquiridos, que indica que a maioria dos inquiridos respondeu que as épocas de maior captura de peixe nos últimos vinte (20) anos são julho, agosto, setembro, outubro e dezembro, enquanto que vinte e nove pescadores responderam que, nos últimos vinte anos, todas as épocas foram responsáveis por uma grande captura de peixe. Além disso, vinte e seis entrevistados responderam que agosto e dezembro são as épocas de maior colheita. Oito (8) pescadores responderam que julho, agosto e dezembro são as estações com maior captura de peixe enquanto sete (7) pescadores indicaram julho, agosto, outubro e dezembro como as estações com maior captura de peixe nos últimos vinte anos.

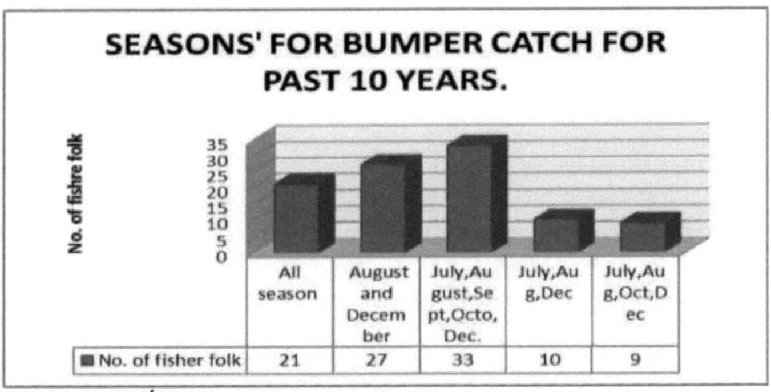

Figure 4.39 Épocas de grande captura de peixe nos últimos 10 anos

Figure 4.39 indica que os pescadores respondem às estações do ano para uma grande colheita de peixe nos últimos dez anos. A maioria dos inquiridos indicou que os meses de julho, agosto, setembro, outubro e dezembro dos últimos dez anos produzem uma colheita abundante de peixe.

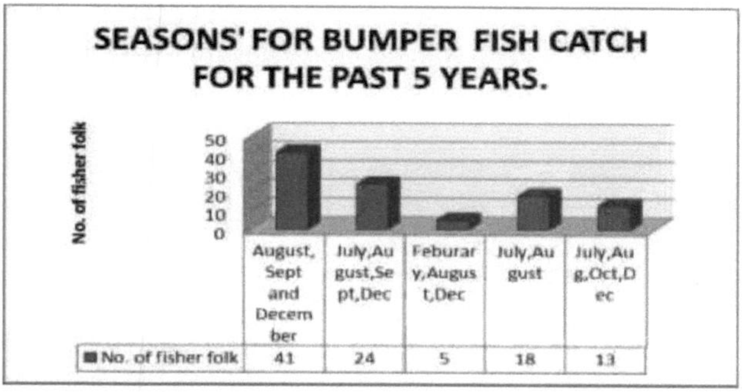

Figure 4.40 **Épocas de grande captura de peixe nos últimos 5 anos**

Figure 4.40 representa a opinião dos inquiridos sobre as épocas de maior captura de peixe nos últimos cinco anos. O pico mais alto de quarenta e quatro pescadores indicou agosto, setembro e dezembro como as épocas de maior afloramento ou de maior captura de peixe nos últimos cinco anos.

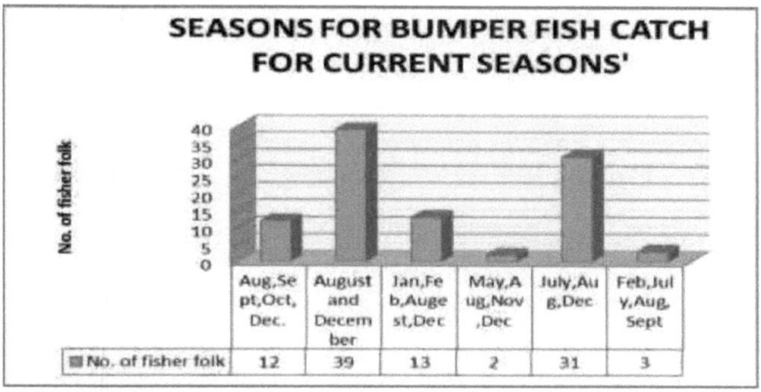

Figura 4.41: Épocas actuais de grande captura de peixe

Figure 4.41 indica as respostas dos pescadores sobre as épocas de grande captura de peixe durante as actuais épocas de pesca. O pico mais alto de trinta e nove pescadores indicou agosto e dezembro como as estações para a colheita abundante de peixes durante os anos atuais. Começa no final de junho ou no início de julho e termina no final de setembro ou no início de outubro. A época de afloramento começa quando a temperatura da água do mar é fria, a água do mar aquece pouco, a precipitação aumenta e a intensidade do ar-mar (velocidade do vento) é normal.

4.8.3 Épocas de captura de peixe magro

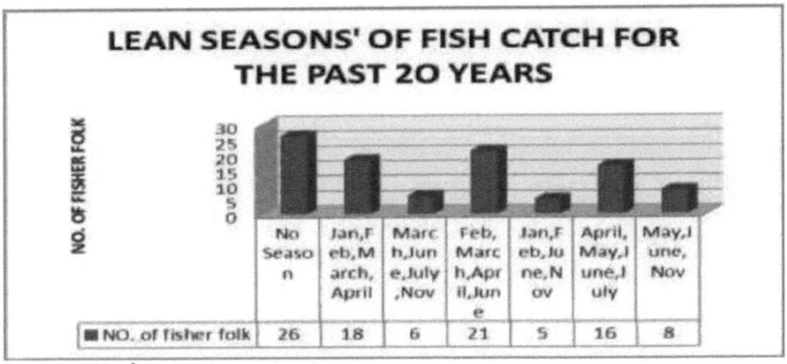

Figura 4.42: Épocas de captura de peixe magro nos últimos 20 anos

A figura 4.42 representa a resposta dos pescadores sobre as épocas de baixa captura de peixes nos últimos 20 anos. O pico mais alto representando a maioria dos pescadores, vinte e seis (26) responderam que **nos últimos vinte anos as épocas de pouca captura de peixe não foram muito reconhecidas enquanto** vinte e um (21) pescadores indicaram estas épocas; fevereiro, março, abril e junho para pouca captura de peixe nos últimos vinte anos. Além disso, dezoito (18) pescadores indicaram janeiro, fevereiro, março e abril como estações de baixa captura de peixes. Dezasseis (16) pescadores indicaram também os meses de abril, maio, junho e julho como épocas de menor captura de peixe. Nos últimos vinte anos há épocas em que a capacidade de captura de peixe é reduzida e as épocas são janeiro, fevereiro e março.

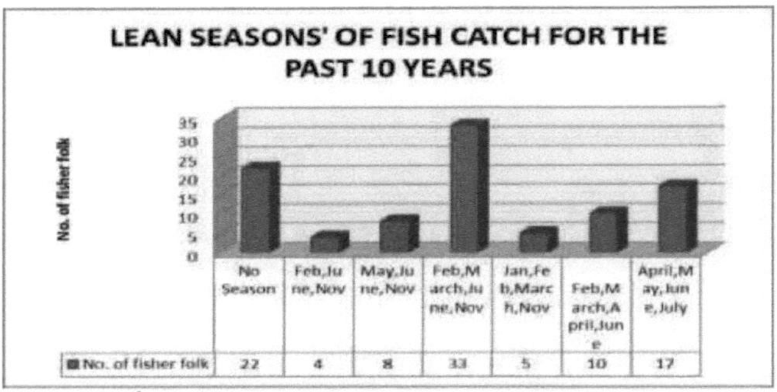

Figura 4.43: Épocas de captura de peixe magro nos últimos 10 anos

A figura 4.43 representa as épocas de baixa captura de peixe nos últimos dez anos dos inquiridos. O pico mais alto de trinta e três (33) pescadores indica as épocas de baixa captura de peixe nos últimos dez anos. As estações do ano são fevereiro, março, junho e novembro, o que indica que a maioria dos pescadores respondeu que a captura de peixe foi baixa nos últimos dez anos.

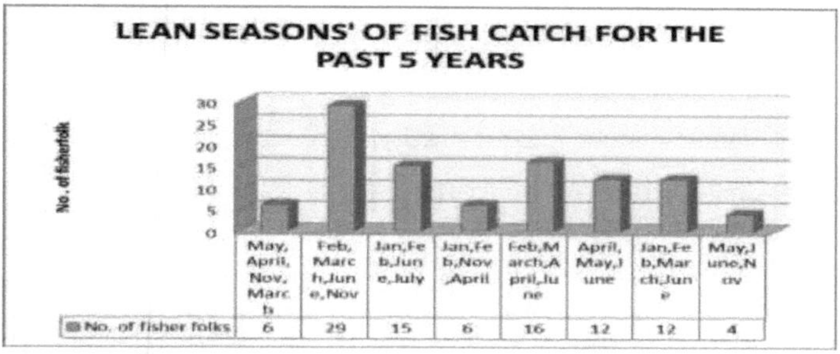

Figura 4.44: Épocas de captura de peixe magro nos últimos 5 anos

A figura 4.44 representa as respostas dos pescadores sobre as épocas de baixa captura de peixe nos últimos cinco anos. A maioria dos pescadores indicou os meses de fevereiro, março, junho e novembro como os períodos de menor captura de peixe nos últimos cinco (5) anos.

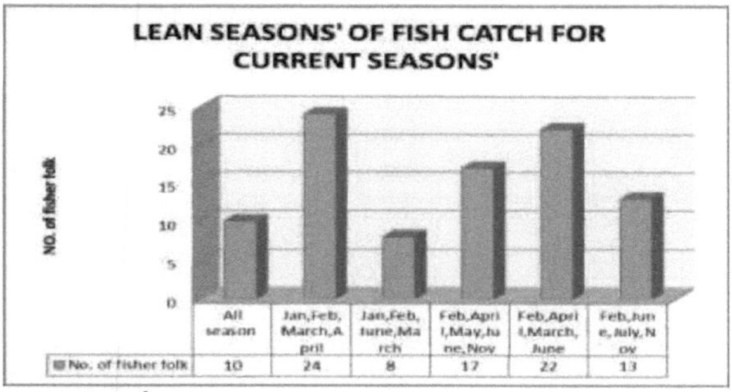

Figura 4.45: Épocas actuais de captura de peixe magro

A figura 4.45 representa o ponto de vista dos inquiridos sobre as épocas de baixa captura de peixe durante as actuais épocas de pesca. O pico mais alto de vinte e quatro pescadores indica que a maioria responde em janeiro, fevereiro, março e abril como estações com baixa captura de peixe durante as actuais estações de pesca. Geralmente durante a pequena ressurgência ou estação magra ocorre por aproximadamente três semanas em janeiro ou fevereiro e março. Durante a estação de afloramento menor, as temperaturas da superfície da água do mar são quentes, o aquecimento da água do mar é alto, a quantidade de chuva é baixa e a intensidade do ar-mar é baixa (velocidade do vento).

4.9 ESPÉCIES DE PEIXE

4.9.1 ALTERAÇÕES NAS ESPÉCIES DE PEIXES

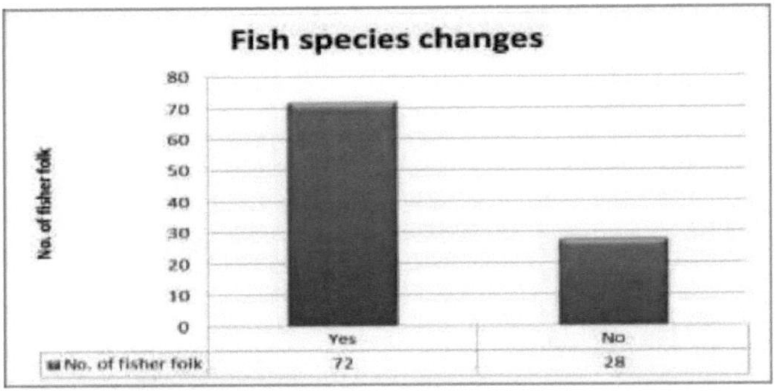

Figura 4.46: Mudanças nas espécies de peixes

A **Figura 4.46** indica que os pescadores responderam sobre as mudanças nas espécies de peixes nos últimos vinte anos para as estações de pesca actuais. Setenta e dois pescadores responderam sobre as mudanças nas espécies de peixes e a capacidade de captura nos últimos vinte anos para as estações de pesca actuais.

4.9.2 TIPOS DE ESPÉCIES DE PEIXES

Tabela 4.5: Tipos de espécies de peixe capturadas

LOCAL NAME	COMMON NAME
Tantemire	Bumper
Krakrama	Round Sardine
Kpanla	Atlantic Horse Mackerel
Saman	Chub/Spanish Mackerel
Amoni	Anchovy
Opoku	Frigate Mackerel

Kanfera	Herring
Sesew	Shrimps
Pusu	Cuttle Fish
Eman	Flat Sardine
Antsowanu	Horse Mackerel

O quadro 4.5 acima representa algumas espécies marinhas ou espécies de peixes que são pescadas na costa de Senya Beraku.

4.10 IMPACTO DAS ALTERAÇÕES CLIMÁTICAS

4.10.1 Impacto das alterações climáticas nos peixes capturados

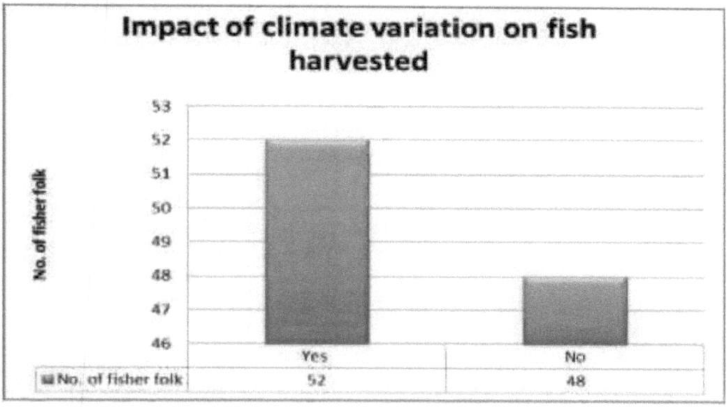

Figura 4.47: Impacto das alterações climáticas no peixe capturado

A figura 4.47 mostra a opinião dos inquiridos sobre o efeito das alterações climáticas no peixe capturado durante as estações actuais. A maioria dos cinquenta e dois pescadores indicou que as alterações climáticas afectaram o peixe capturado e causaram variações na quantidade e nas espécies capturadas.

4.10.2 Impacto das alterações climáticas no método de colheita.

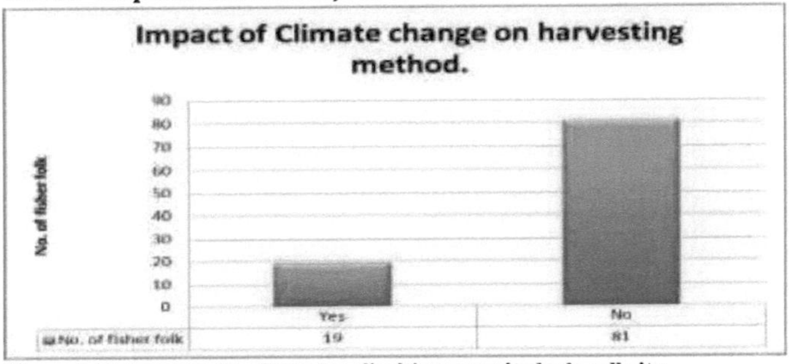

Figura 4.48: Impacto das alterações climáticas no método de colheita

A figura 4.48 representa a resposta dos pescadores sobre o efeito das alterações climáticas nos métodos de pesca. A maioria dos oitenta e um (81) pescadores indicou que o método de pesca não depende das alterações climáticas, enquanto dezanove (19) pescadores responderam que os métodos de pesca variam devido às alterações climáticas. A observação geral mostra que, devido à menor capacidade de captura de peixe, os pescadores têm optado por métodos de pesca improvisados, como o uso de produtos químicos (carbureto de cálcio, dinamite), arrasto de parelha e sistema de iluminação para a captura de peixe, devido às mudanças nas condições climáticas do mar e do seu ambiente.

4.10.3 Impacto das alterações climáticas nas unidades populacionais de peixes.

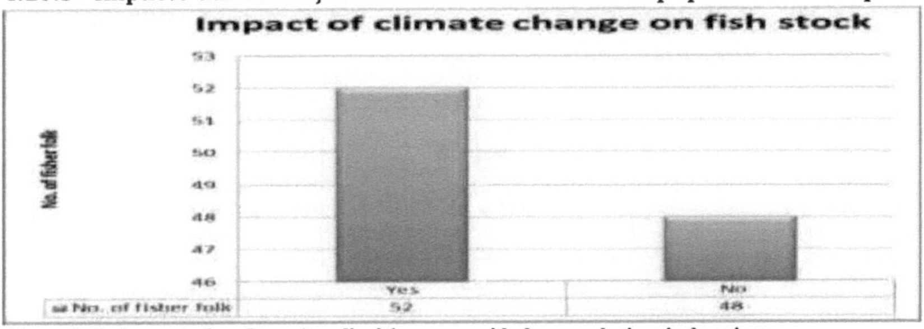

Figura 4.49: Impacto das alterações climáticas nas unidades populacionais de peixes

A figura 4.49 representa a reação dos pescadores aos efeitos das alterações climáticas nas unidades populacionais de peixes no mar.

A maioria dos cinquenta e dois (52) pescadores indicou que as alterações climáticas afectaram o stock de peixe. As espécies de peixe migram para outra zona de conforto para um habitat sustentável devido a mudanças adversas nas condições climáticas do oceano.

4.11 Impacto das alterações climáticas nos meios de subsistência.

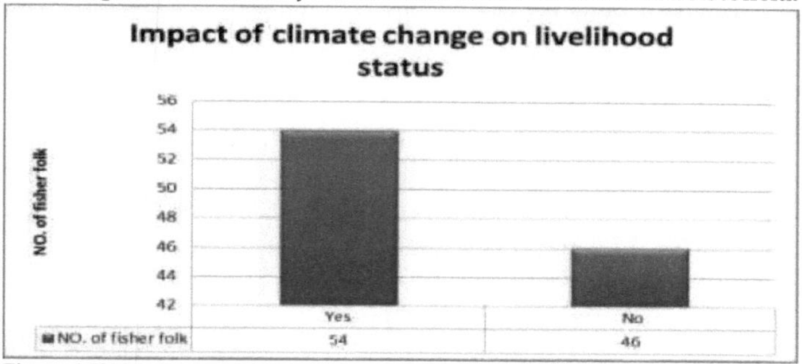

Figura 4.50: Impacto das alterações climáticas no estado dos meios de subsistência

A figura 4.50 representa o ponto de vista dos inquiridos sobre as alterações climáticas e o seu efeito nos seus meios de subsistência. A maioria dos cinquenta e quatro pescadores indicou que as alterações climáticas afectaram o seu nível de vida e, consequentemente, o seu modo de vida. O rendimento gerado pelos pescadores é muito baixo devido à menor capacidade de captura de peixe, o que resulta numa redução do nível de vida dos pescadores. Os pescadores são incapazes de aceder a certas necessidades socioeconómicas para a sua família, o que tem prejudicado o seu estatuto de subsistência.

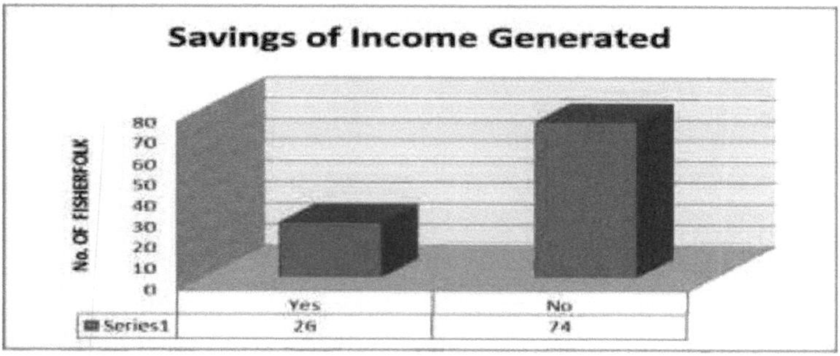

Figura 4.51: Poupanças de rendimentos gerados

Figure 4.51 indica o número de pescadores que economizam a renda gerada por sua ocupação. A maioria dos inquiridos, setenta e quatro, não poupa o seu rendimento, enquanto vinte e seis pescadores poupam o rendimento gerado. Os pescadores indicaram que, devido à alta taxa de despesas e à baixa renda gerada, é muito difícil economizar.

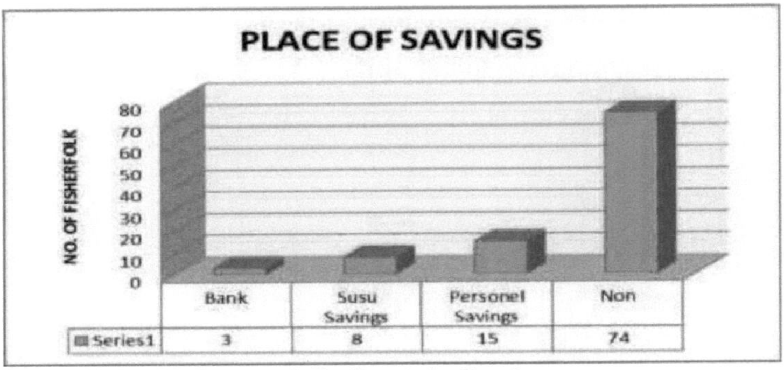

Figura 4.52: **Local de Poupança do Rendimento dos Pescadores**

Figure 4.52 indica a maneira pela qual o entrevistado economiza sua renda gerada para investimentos futuros. A maioria dos setenta e quatro **(74) pescadores não poupa o rendimento gerado, enquanto que quinze (15) pescadores estão envolvidos em poupanças pessoais, oito (8) pescadores estão envolvidos em** poupanças **"susu"** e três (3) pescadores poupam no banco e especificamente numa conta corrente que ajuda a ganhar algum montante de juros sobre o rendimento.

CAPÍTULO 5

CONCLUSÕES E RECOMENDAÇÕES

5.0 CONCLUSÕES

O foco do estudo procura estudar a perceção dos pescadores de Senya Beraku sobre as alterações climáticas e os seus impactos nos seus meios de subsistência. Em primeiro lugar, observou-se que a mudança climática tem sido muito severa em Senya Beraku; no entanto, os pescadores têm menos conhecimento sobre isso e atribuem a maioria das ocorrências à variação nas condições climáticas do oceano e do ambiente à natureza.

Em segundo lugar, as alterações climáticas afectaram as unidades populacionais de peixes, os ecossistemas marinhos e os meios de subsistência dos pescadores, reduzindo consideravelmente a capacidade de captura de peixe.

Por último, os pescadores indicaram que o rendimento gerado pela profissão de pescador tem sido muito baixo devido à diminuição das espécies de peixe e da capacidade de colheita durante as épocas de maior e de menor produção, pelo que os pescadores recorreram a outras fontes de vida para apoiar a sua subsistência e o rendimento gerado.

5.1 RECOMENDAÇÃO

I. A partir dos resultados baseados neste estudo, recomenda-se que os sectores das pescas estabeleçam políticas bem planeadas de conservação, reabilitação e florestação dos mangais ao longo da costa.

II. É necessário educar os pescadores sobre os efeitos de métodos de pesca inadequados e o seu impacto nas condições climáticas do oceano.

III. Os pescadores devem ser informados sobre as apólices de seguro e os regimes de segurança social, bem como sobre a sua importância para a sua subsistência.

IV. O Governo e os sectores privados devem subsidiar a distribuição equitativa de combustível por mistura a todos os pescadores para ajudar a reduzir o elevado custo do combustível para a pesca, a fim de assegurar a redução do preço de venda do peixe.

V. Deveria ser construído um porto na costa de Senya Beraku, a fim de ajudar a promover a entrada de investidores na cidade e contribuir para a criação de postos de trabalho para apoiar os meios de subsistência e reduzir a elevada taxa de dependência do mar e das unidades populacionais de peixe.

REFERÊNCIA

1. Adger, W.N., Agrawala, S., Mirza, M.M.Q., Conde, ***C.,*** O'Brien, K., Pulhin, J., Pulwarty, Agrawal, A. & Perrin, N.2009. Adaptação climática, instituições locais e meios de subsistência rurais. Em W.N. Adger, I. Lorenzoni e K. O'Brien, eds. Adapting to climate change: thresholds, values, governance, pp. 350-367. Cambridge, Reino Unido, Cambridge University Press.
2. Allan, J.D., Abell, R., Hogan, Z.E.B., Revenga, C., Taylor, B.W., Welcomme, R.L. &Winemiller, K.2005. Overfishing of inland waters (Sobrepesca em águas interiores). BioScience, 55: 1041-1051.
3. Allison EH, Adger NW, Badjeck M-C, Brown K, Conway D, Dulvy NK, Halls A, Perry A e Reynolds JD. 2005. Effects of climate change on the sustainability of capture and enhancement fisheries important to the poor: Analysis of the vulnerability and adaptability of fisherfolk living in poverty (Análise da vulnerabilidade e adaptabilidade dos pescadores que vivem na pobreza). Número de projeto do Departamento para o Desenvolvimento Internacional (Reino Unido): R778J.
4. Allison, E.H. & Ellis, F.2001. The livelihoods approach and management of small-scale fisheries (A abordagem dos meios de subsistência e a gestão da pesca artesanal). Marine Policy 25(5): 377-388.
5. Allison, E.H. & Horemans, B.2006. Colocar os princípios da abordagem dos meios de subsistência sustentáveis na política e na prática do desenvolvimento das pescas. Marine Policy, 30: 757-766 conflict-ridden context. Climatic change, 45(1): 37-61.Conservation action in a changing climate. Conservation letters1: 53-59.
6. Allison, E.H., Andrew, N.L. & Oliver, J. 2007. Enhancing the resilience of inland fisheries and aquaculture systems to climate change. Journal of Semi-Arid Tropical Agricultural Research 4(1). (também disponível em e-journal: www.icrisat.org/Journal/SpecialProject/sp15.pdf).
7. Antonio Rota Consultor Técnico Sénior, Pecuária e Sistemas Agrícolas, Divisão de Consultoria Técnica, Fundo Internacional para o Desenvolvimento Agrícola, Via Paolo di Dono, 44, 00142 Roma, Itália. Tel:+39065459 2680.Email:a.rota@ifad.orgLeon Williams (Correspondente Autor)Fisheries and Aquaculture Consultant, Technical Advisory Division, International Fund for Agricultural Development, Via Paolo di Dono, 44, 00142 Rome, Italy Tel: +39 3888955178. Fax: +39 06 54593680. Correio eletrónico: leonwilliams.mail@gmail.com.
8. Bals, C; Bohnenberger, K.; Burck, J. (2011): Climate Change Performance Index 2012.Climate Action Network Europe e German watch.
9. Bellwood, D.R, A.S. Hoey, J.L. Ackermen e M. Depczynski (2006). Coral bleaching, reef fish community phase

shifts and the resilience of coral reefs. Global Change Biology 12: 1587-1594.

10. Bindoff, N.L., e co-autores (2007). Observações: Oceanic Climate Change and Sea Level. In: Solomon, S., D. Qin, M. Manning, Z. Chen, M. Marquis, K.B. Averyt, M. Tignor e H.L. Miller (Eds.). Climate Change 2007: The Physical Science Basis. Contribuição do Grupo de Trabalho I para o Quarto Relatório de Avaliação do Painel Intergovernamental sobre as Alterações Climáticas. Cambridge University Press, Cambridge, Reino Unido e Nova Iorque, NY, EUA, pp. 385-428.

11. Brander, K.M. (2007). Global fish production and climate change (Produção global de peixe e alterações climáticas). Actas da Academia Nacional de Ciências dos Estados Unidos da América104: 19709-19714.

12. Caldeira, K., e M.E. Wickett (2003): Anthropogenic carbonand ocean pH. Nature, 425, 365. (2003) Ocean model predictions of chemistry changes from carbon dioxide emissions to the atmosphere and ocean. J. Geophys. Res., 110, C09S04, doi: 10.1029/2004JC002671.

13. Chambers, R. e Conway, G.R. (1992) 'Sustainable Rural Livelihoods: Practical Concepts for the 21st Century', Discussion Paper296. Brighton, Reino Unido: Institute of Development Studies.

14. Daw, T.; Adger, W.N.; Brown, K.; Badjeck, M.-C.2009. Climate change and capture fisheries: potential impacts, adaptation and mitigation. University of East Anglia Norwich NR4 7TJ United Kingdom of Great Britain and Northern Ireland t.daw@uea.ac.uk; k.brown@uea.ac.uk; n.adger@uea.ac.uk.

15. Denman, K.E., E. Hoffman, and H. Marchant (2007), Marine biotic responses to environmental change and feed-backs to climate, p. 487-516. Em J.T. Houghton et; al. (eds.), Climate Change 2007, Cambridge University Press.

16. Denman, K.L., G. Brasseur, A. Chidthaisong, P. Ciais, P.M. Cox, R.E. Dickinson, D. Hauglustaine, C. Heinze, E. Holland, D. Jacob, U. Lohmann, S. Ramachan-dran, P.L. da Silva Dias, S.C. Wofsy e X. Zhang, 2007: Acoplamentos entre mudanças no sistema climático e

biogeoquímica. Climate Change 2007: The Physical Science Basis. Contribuição do Grupo de Trabalho I para o Quarto Relatório de Avaliação do Painel Intergovernamental sobre as Alterações Climáticas, S. Solomon, D. Qin, M. Manning, Z. Chen, M. Marquis, K.B. Averyt, M. Tignor e H.L. Miller, Eds., Cambridge University Press, Cambridge, 499-588.

17. Eakin, M.C., Kleypas, J. e Hoegh-Guldberg, O. (2008) Global climate change and coral reefs: rising temperatures, acidification and the need for resilient reefs. In: Status of Coral Reefs of the World: 2008 (C. Wilkinson, ed.). Global Coral Reef Monitoring Network and Reef and Rainforest Research Centre, Townsville, Austrália, pp. 29-40. Disponível em:.http://www.reefbase.org/download/download.aspx?type=1&docid=13311. Data de acesso: 6 de dezembro de 2010

18. Organização das Nações Unidas para a Alimentação e a Agricultura (FAO), Roma e Organização Internacional do Trabalho (OIT), Genebra. The Livelihood Assessment Tool-kit Analysing and responding to the impact of disasters on the livelihoods of people.
19. Graham, N.A.J., K.Wilson, S. Jennings, N.V.C. Polunin, J.P. Bijoux e J. Robinson (2006). Dynamic fragility of oceanic coral reef ecosystems (Fragilidade dinâmica dos ecossistemas de recifes de coral oceânicos). Actas da Academia Nacional de Ciências dos Estados Unidos da América 103: 8425-8429.
20. Guinotte, J.M. e V.J. Fabry (2008). A acidificação dos oceanos e os seus potenciais efeitos nos ecossistemas marinhos. Ann. Academia de Ciências de Nova Iorque 1134: 320-342.
21. Guinotte, J.M., J. Orr, S. Cairns, A. Freiwald, L. Morgan, and R. George (2006) Will human-indduced changes in sea-water chemistry alter the distribution of deep-sea scleractinian corals? Front. Ecol. Environ., 4, 141-146.
22. Guinottte J.M., R.W. Buddemeier e J.A. Kleypas (2003). Future coral reef habitat marginality: temporal and spatial effects of climate change in the Pacific basin. Coral Reefs 22: 551-558.
23. Handisyde NT, Ross LG, Badjeck M-C e Allison EH. 2006. The effects of climate change on worldaquaculture: A global perspective. www.aquaculture .stir.ac.uk/GISAP/gis group/clim ate.php.
24. Heike K. Lotze, Hunter S. Lenihan, Bruce J. Bourque, Roger H. Bradbury, Richard G. Cooke, Matthew C. Kay, Susan M. Kidwell, Michael X. Kirby, Charles H. Peterson, Jeremy B. C. Jackson.(2006) Depletion, Degradation, and Recovery Potential of Estuaries and Coastal Seas: DOI: 10.1126/science.1128035.
25. Ho, D. T., Law, C. S., Smith, M. J., Schlosser, P., Harvey, M., e Hill, P.: Measurements of airsea gas exchange at high wind speeds in the Southern Ocean: Implications for global parameterizations, Geophys. Res. Lett., 33, L16611, doi:10.1029/2006GL026817, 2006
26. Ifejika, P.I., Okunade, E.O., Ifejika, L.I. e Asadu, A.N., National Institute for Freshwater Fisheries Research P.M.B 6006, New Bussa 913003. Niger State, Nigéria Emails: ifejikaphilip@gmail.com &ifejikaphilip@yahoo.comDepartment: of Agricultural Extension and Rural Development, Ladoke Akintola University of Technology, Ogbomoso, Oyo State, Nigéria Department of Home and Rural Economics, Federal College of Freshwater Fisheries Technology, New-Bussa, Niger State. Departamento de Extensão Agrícola, Universidade da Nigéria Nsukka, Estado de Enugu, Nigéria (Journal of Agricultural Extension Vol. 16 (2), dezembro de 2012).
27. IPCC, 2007: Alterações climáticas 2007: Impacts, Adaptation and Vulnerability. Contribuição do Grupo de Trabalho II para o Quarto Relatório de Avaliação do Painel Intergovernamental sobre as Alterações Climáticas, M.L. Parry, O.F. Canziani, J.P. Palutikof, P.J. van der Linden e C.E. Hanson, Eds., Cambridge University Press, Cambridge, UK,

976pp.

28. IPCC. (2007). Alterações climáticas 2007: relatório de síntese. Contribuição dos grupos de trabalho I, II e III para o quarto relatório de avaliação do painel intergovernamental sobre as alterações climáticas [Equipa de redação principal, Pachauri RK e Reisinger A eds]. IPCC, Genebra, Suíça.

29. IPCC/TEAP, 2005: Relatório especial: Safeguarding the Ozone Layer and the Global Climate System: Issues Related to Hydrofluorocarbons and Perfluorocarbons, B. Metz, L. Kuijpers, S. Solomon, S.O. Andersen, O. Davidson, J. Pons, D. de Jager, T. Kestin, M. Manning e L. Meyer, Eds., Cambridge University Press, Nova Iorque, 468 pp.

30. Johnson, J.E. e P.A. Marshall (Eds.) (2007). Climate change and the Great Barrier Reef: a Vulnerability Assessment (Alterações climáticas e a Grande Barreira de Coral: uma avaliação da vulnerabilidade). Townsville, Austrália, Great Barrier Reef Marine Park Authority e Australian Greenhouse Office.

31. Joyce Dontwi, I.K. Dontwi, F.N. Buabeng, S. Ashong VULNERABILITY AND ADAPTATION ASSESSMENT FOR CLIMATE CHANGE IMPACTS ON FISHERIESUNDER THE NETHERLANDS CLIMATE ASSISTANCE PROGRAMME (NCAP).

32. Klyashtorn, L.B. e A.A. Lyubushin (2005). Cyclic climate changes and fish productivity. Governo da Federação Russa Comité Estatal das Pescas da Federação Russa Empresa Estatal Federal Unitária. Instituto Federal de Investigação das Pescas e Oceanografia da Rússia. Redator inglês, G.D. Sharp, Centre for Climate/Ocean Resources Study, Salinas, Califórnia, EUA.

33. Klyashtorn, L.B. e A.A. Lyubushin (2005). Cyclic climate changes and fish productivity. Governo da Federação Russa Comité Estatal das Pescas da Federação Russa Empresa Estatal Federal Unitária. Instituto Federal de Investigação das Pescas e Oceanografia da Rússia. Redator inglês, G.D. Sharp, Centre for Climate/Ocean Resources Study, Salinas, Califórnia, EUA.

34. Kurihara, H., e Y. Shirayama (2008) Effects of increased atmospheric CO2 on sea urchin early development. Mar. Ecol.-Prog. Ser., 274, 161-169.

35. Lehodey, P., F. Chai, e J. Hampton, 2003: Modelação da variabilidade das populações de atum relacionada com o clima a partir de um modelo acoplado de dinâmica biogeoquímica-populações oceânicas. Fisheries and Oceanography 12: 483^94.

36. Loukos, H., P. Monfray, L. Bopp e P. Lehodey (2003). Potential changes in skipjack tuna (Katsuwonus pelamis) habitat from a global warming scenario: modelling approach and preliminary results. Fisheries Oceanography 12(4-5): 474-482.

37. Macfadyen, G., e Allison, E. (2009). PP 20-27.Climate Change, Fisheries, Trade and Competitiveness:

Understanding Impacts and Formulating Responses for Commonwealth Small States (Compreender os Impactos e Formular Respostas para os Pequenos Estados da Commonwealth). Secretariado da Commonwealth/Poseidon/World Fish. PP 21-23.

38. McClanahan, T.R., Cinner, J.E., Maina, J., Graham N.A.J., Daw, T.M., Stead, S.M., migratory fish stocks. Marine Policy, 31: 56-70.Morton, J.F.2007. The impact of climate change on smallholder and subsistence agriculture (O impacto das alterações climáticas na agricultura de pequena escala e de subsistência).

39. Miller, K.A.2000. Pacific salmon fisheries: climate, information and adaptation in a Miller, K.A.2007. Climate variability and tropical tuna: management challenges for highly Proceedings of the National Academy of Sciences, 104: 19680-19685.Myers, R.A., Baum, J.K., Shepherd, T.D., Powers, S.P. & Peterson, C.H. 2007. Cascading effects of the loss of apex predatory sharks from a coastal ocean. Science, 315(5820): 1846-1850.

40. Munday, P.L., G.P. Jones, M.S. Pratchett, e A. Williams (2008a). Climate change and the future for coral reef fishes (As alterações climáticas e o futuro dos peixes dos recifes de coral). Fish and Fisheries 9: 261-285.

41. Munday, P.L., M.J. Kingsford, M. O'Callaghan e J.M. Donelson (2008b). A temperatura elevada restringe o potencial de crescimento do peixe de recife de coral Acanthochromispolyacanthus. Coral Reefs 27: 927-931.

42. Nicholls, R.J., 2004: Coastal flooding and wetland loss in the 21st century: changes under the SRES climate and socio-economic scenarios. Global Environ. Chang.14, 69-86.

43. Nicholls, R.J., Wong, P.P., Burkett, V.R. et al. (2007) Coastal systems and low-lying areas. In: Climate Change 2007: Impacts, Adaptation and Vulnerability. Contribuição do Grupo de Trabalho II para o Quarto Relatório de Avaliação do Painel Intergovernamental sobre as Alterações Climáticas (M.L. Parry, O.F. Canziani, J.P. Palutikof, P.J. van der Linden e C.E. Hanson, eds.). Cambridge University Press, Cambridge, Reino Unido, pp. 315-356. Disponível em: http://www.ipcc.ch/pdf/assessment- report/ar4/wg2/ar4-wg2-chapter6.pdf. Data de acesso: 6 de dezembro de 2010.

44. Nightingale PD; Air-Sea Gas Transfer, in Lower Atmosphere Surface Ocean Interactions eds le Quere and Saltzman, AGU Monograph 187,69:98 2009.

45. Nystrom, M., N.A.J. Graham, J. Lokrantz e A.V. Norstrom (2008). Capturando as pedras angulares da resiliência dos recifes de coral: ligando a teoria à prática. Coral Reefs 27: 795-809.

46. Orr, J. C., V. J. Fabry, O. Aumont, L. Bopp, S. C. Doney, R. A. Feely, A. Gnanadesikan, N. Gruber, A. Ishida, F. Joos, R. M. Key, K. Lindsay, E. Maier-Reimer, R. Matear, P. Monfray, A. Mouchet, R. G. Najjar, G.-K. Plattner, K. B. Rodgers, C. L. Sabine, J. L. Sarmiento, R. Schlitzer, R. D. Slater, I. J. Totterdell, M.-F. Weirig, Y. Yamanaka e A. Yool (2005). Anthropogenic ocean acidification over the twenty-first century and its impact on calcifying organisms (Acidificação antropogénica dos oceanos no século XXI e seu impacto nos organismos calcificadores).

Nature 437: 681-686.

47. Orr, J. C., V. J. Fabry, O. Aumont, L. Bopp, S. C. Doney, R. A. Feely, A. Gnanadesikan, N. Gruber, A. Ishida, F. Joos, R. M. Key, K. Lindsay, E. Maier-Reimer, R. Matear, P. Monfray, A. Mouchet, R. G. Najjar, G.-K. Plattner, K. B. Rodgers, C. L. Sabine, J. L. Sarmiento, R. Schlitzer, R. D. Slater, I. J. Totterdell, M.-F. Weirig, Y. Yamanaka e A. Yool (2005). Anthropogenic ocean acidification over the twenty-first century and its impact on calcifying organisms (Acidificação antropogénica dos oceanos no século XXI e seu impacto nos organismos calcificadores). Nature 437: 681-686.

48. Orr, J.C. e outros (2005) Anthropogenic ocean acidification over the twenty-first century and its impact on calcifying organisms. Nature, 437, 681-686.

49. Payet, R. e Agricole, W. 2006. Climate change in the Seychelles: Implicações para a água e os recifes de coral. Ambio-Journal of the Human Environment35 (4): 182-189.

50. Peras, R. J., Pulhin, J.M., Lasco, R.D., Cruz, R.O. e Pulhin, F.B. 2008. Variabilidade climática e extremos na bacia hidrográfica de Pantabangan-Carranglan, Filipinas: Avaliação de impactos e práticas de adaptação. Journal of Environmental Science and Management.

51. Poloczanska, E.S., R.C. Babcock, A. Butler, A.J. Hobday, O. Hoegh-Guldberg, T.J. Kunz, R. Matear, D. Milton, T.A. Okey e A.J. Richardson (2007). Climate change and Australian marine life (Alterações climáticas e vida marinha australiana). Oceanography and Marine Biology: An Annual Review 45: 409-480.

52. Pratchett, M.S., P.L. Munday, S.K. Wilson, N.A.J. Graham, J.E. Cinner, D.R. Bellwood, G.P. Jones, N.V.C. Polunin e T.R. McClanahan (2008). Efeitos do branqueamento de corais induzido pelo clima sobre os peixes de recife de coral: consequências ecológicas e económicas. Oceanografia e Biologia Marinha: An Annual Review 46: 251-296.

53. R. Selvaraju, A.R. Subbiah, S. Baas, I. Juergens, ASIAN DISASTER PREPAREDNESS CENTERFOOD AND AGRICULTURE ORGANIZATION OF THE UNITED NATIONS Rome, 2006 Implementado no âmbito do projeto Improved Adaptive Capacity to Climate Change for Sustainable Livelihoods in the Agriculture Setor - DP9/1-BGD/01/004/01/99.

54. R., Smit, B. & Takahashi, K.2007. Assessment of adaptation practices, options, constraints and capacity. Em M.L. Parry, O.F. Canziani, J.P. Palutikof, C.E. Hanson, P.J. van der Linden, eds. Climate change 2007: impacts, adaptation and vulnerability (Alterações climáticas 2007: impactos, adaptação e vulnerabilidade). Contribuição do grupo de trabalho II para o Quarto Relatório de Avaliação do Painel Intergovernamental sobre as Alterações Climáticas, pp. 719-743. Cambridge, Reino Unido, Cambridge University Press. Wamukot, A., Brown, K., Ateweberhan, M., Venus,

V. & Polunin, N.V.C.2008.

55. Scavia, D., Field, J. C., Boesch, D. F., Buddemeier, R. W., Burkett, V., Cayan, D. R., Titus, J. G. (2002). Climate change impacts on U. S. coastal and marine ecosystems (Impactos das alterações climáticas nos ecossistemas costeiros e marinhos dos EUA). Estuários 25(2), 149-164

56. Wilson S.K, N.A.J. Graham, M.S. Pratchett, G.P. Jones e N.V.C. Polunin (2006). Multiple disturbances and the global degradation of coral reefs: are reef fishes at risk or resilient? Global Change Biology 12: 2220-2234.

APÊNDICE

QUESTIONÁRIO.

TÓPICO: AVALIAR O IMPACTO DAS ALTERAÇÕES CLIMÁTICAS NOS MEIOS DE SUBSISTÊNCIA DOS PESCADORES DE SENYA-BERAKU.

O questionário destina-se a ajudar o Sr. Otoo Obed-Nenyi, um estudante do último ano do Departamento de Engenharia Agrícola da KNUST, a concluir o seu projeto sobre o tema acima mencionado. As informações que fornecer serão tratadas com a máxima confidencialidade e destinam-se apenas a fins académicos. Muito obrigado.

Avaliação dos questionários através dos seguintes grupos-alvo:

(i) Pescadores

(ii) Peixarias

Os objectivos são:

1. **Identificar o padrão meteorológico dos últimos vinte, dez e cinco anos na perspetiva das pessoas.**

2. **Identificar os padrões climáticos e outros sinais relacionados com a captura de peixe.**

3. **Formular informação de base sobre as alterações climáticas na população.**

4. **Proporcionar medidas de adaptação aos impactos das alterações climáticas no sector das pescas.**

A área de estudo é Senya Beraku, uma zona costeira na região central do Gana. A subsistência da maioria das pessoas da comunidade depende das actividades de pesca, sendo a maioria pescadores e comerciantes de peixe.

A). Informações pessoais

Nome (facultativo)..

Profissão: [ ] Pescador

[ ] Peixaria

Sexo: { } Masculino { } Feminino

Faixa etária: 15 - 30 anos [ ] 30 - 50 anos [ ]>50 anos [ ]

Nível de escolaridade (assinalar): [ ] Nulo

[Primário e inferior

[ ] Meio

[ ] Secundário

[ ] Terciário

Estado civil (assinalar): Casado { } Solteiro { }

Número de crianças..

B. SENSIBILIZAÇÃO PARA AS ALTERAÇÕES CLIMÁTICAS.

Alterações de temperatura.

Qual foi a temperatura da água do mar nos últimos vinte (20), dez (10) e cinco (5) anos, respetivamente? (Por favor, assinaleV)

Últimos 20 anos: Quente [ ] Frio [ ] Normal [ ]

10 anos: Quente [ ] Frio [ ] Normal [ ]

5 anos: Quente [ ] Frio [ ] Normal [ ]

Qual tem sido a temperatura da água do mar durante as actuais campanhas de pesca?

Quente [ ] Frio [ ] Normal [ ]

Qual foi a temperatura do ar marítimo nos últimos vinte (20), dez (10) e cinco (5) anos, respetivamente? (Por favor, assinaleV)

Últimos 20 anos: Quente [ ] Frio [ ] Normal [ ]

10 anos: Quente [ ] Frio [ ] Normal [ ]

5 anos: Quente [ ] Frio [ ] Normal [ ]

Qual tem sido a temperatura do ar do mar durante as actuais campanhas de pesca?

Quente [ ] Frio [ ] Normal [ ]

Humidade

Qual foi a intensidade da brisa marítima nos últimos vinte (20), dez (10) e cinco (5) anos, respetivamente? (Por favor, assinaleV)

Últimos 20 anos: Alta [ ] Baixa [ ]

10 anos: Alta [ ] Baixa [ ]

5 anos: Alta [ ] Baixa [ ]

Qual tem sido a intensidade da brisa marítima durante as actuais campanhas de pesca? (AssinaleV)

Alta [ ] Baixa [ ]

Aquecimento da água do mar.

Verificou-se um aquecimento da água do mar nos últimos 20, 10 e 5 anos, respetivamente? (AssinaleV)

Últimos 20 anos: Sim [ ] Não [ ]

10 anos: Sim [ ] Não [ ]

5 anos: Sim [ ] Não [ ]

O aquecimento da água do mar ocorre durante a atual campanha de pesca? (AssinaleV)

Sim [ ] Não [ ]

Qual foi a intensidade da água do mar nos últimos 20, 10 e 5 anos, respetivamente? (AssinaleV)

Últimos 20 anos: Alto [ ] Moderado [ ] Baixo [ ] Normal [ ]

10 anos: Alto [ ] Moderado [ ] Baixo [ ] Normal [ ]

5 anos: Alta [ ] Moderada [ ] Baixa [ ] Normal [ ]

Qual tem sido a intensidade da brisa marítima durante as actuais campanhas de pesca?

Alto [ ] Moderado [ ] Normal [ ] Baixo [ ]

A que horas é que o aquecimento da água do mar atinge a sua maior intensidade nos anos actuais e nos últimos 20, 10 e 5 anos, respetivamente?

Últimos 20 anos:..

10 anos:..

5 anos:..

Anos actuais: ....

A que horas é que o aquecimento da água do mar atinge a sua intensidade mais baixa nos anos actuais e nos últimos 20, 10 e 5 anos, respetivamente?

Últimos 20 anos:..

10 anos:..

5 anos:..

Anos actuais: ....

PADRÃO DE PRECIPITAÇÃO

Quais foram as alterações no padrão de precipitação nos últimos 20, 10, 5 e anos actuais, respetivamente? (Assinale)

Últimos 20 anos: Intenso [ ] Moderado [ ] Baixo [ ] Normal [ ]

10 anos: Intensidade [ ] Moderada [ ] Baixa [ ] Normal [ ]

5 anos: Intensidade [ ] Moderada [ ] Baixa [ ] Normal [ ]

Anos actuais: Intenso [ ] Moderado [ ] Baixo [ ] Normal [ ]

Quais foram as alterações na quantidade de precipitação nos últimos 20, 10, 5 e anos actuais, respetivamente?

(AssinaleV)

Últimos 20 anos: Intenso [ ] Moderado [ ] Baixo [ ] Normal [ ]

10 anos: Intensidade [ ] Moderada [ ] Baixa [ ] Normal [ ]

5 anos: Intensidade [ ] Moderada [ ] Baixa [ ] Normal [ ]

Anos actuais: Intenso [ ] Moderado [ ] Baixo [ ] Normal [ ]

Houve variações nos dias de chuva nos últimos 20, 10, 5 anos e nos anos actuais, respetivamente?

Últimos 20 anos: Sim [ ] Não [ ]

Em caso afirmativo, explicar como ocorreu

Últimos 10 anos: Sim [ ] Não [ ]

Em caso afirmativo, explicar como ocorreu

Últimos 5 anos: Sim [ ] Não [ ]

Em caso afirmativo, explicar como ocorreu

Anos actuais: Sim [ ] Não [ ]

Em caso afirmativo, explicar como ocorreu

C. AVALIAÇÃO DOS MEIOS DE SUBSISTÊNCIA

Há quanto tempo está no sector/profissão da pesca? (Por favor, assinale)

[ ] 5 anos e menos [ ] 5 - 10 anos [ ] 10 - 20 anos [ ] 20 - 30 anos [ ] > 30 anos

Poupa dos rendimentos que gera? (Assinale)

Sim [ ] Não [ ]

Onde é que guarda os rendimentos gerados? (Assinale)

Poupança pessoal [ ] Poupança "Susu" [ ] Banco [ ]

A vossa empresa de pesca tem apólices de seguro?

Sim [ ] Não [ ]

Como foram as capturas de peixe durante as épocas actuais em comparação com os últimos 20, 10 e 5 anos? (Assinalar)

Aumentando [ ] Diminuindo [ ]

Como tem sido a capacidade de captura de peixe nos últimos 20, 10, 5 anos e nas épocas actuais, respetivamente? (AssinaleV)

Últimos 20 anos: Aumentando [ ] Diminuindo [ ]

10 anos: Aumentando [ ] Diminuindo [ ]

5 anos: A aumentar [ ] A diminuir [ ]

Anos actuais: A aumentar [ ] A diminuir [ ]

Quais foram as épocas ou estações em que se registaram grandes colheitas/capturas de peixe nos últimos 20, 10, 5 anos e nas estações actuais, respetivamente?

Últimos 20 anos:...

10 anos:...

5 anos: ....

Anos actuais: ....

Quais foram as épocas ou estações em que se registaram baixas colheitas/capturas de peixe nos últimos 20, 10, 5 anos e nas estações actuais, respetivamente?

Últimos 20 anos:...

10 anos: ....

5 anos: ....

Anos actuais: ....

Houve variação no rendimento gerado pela captura de peixe durante as épocas actuais em comparação com os últimos 20, 10 e 5 anos, respetivamente? (Por favor, assinale)

Sim [ ] Não [ ]

Em caso afirmativo, explicar,

Há alterações nas espécies de peixes capturadas?

Sim [ ] Não [ ]

Que tipo de espécies de peixes são capturadas nos últimos 20, 10, 5 anos e nas épocas actuais, respetivamente?

(Salmão, robalo, bacalhau, peixe-galo, escamudo, atum, arenque, cavala, peixe vermelho)

Últimos 20 anos:...

10 anos: ....

5 anos: ....

Anos actuais: ....

Que outras actividades de pesca exerce?

Reparação de redes [ ] Fumagem de peixe [ ] Secagem de peixe [ ] Transformação de peixe [ ]

Que outra profissão exerce?

Exploração agrícola [ ] Criação de animais [ ] Povoamento de peixes [ ]

Se tiver outra atividade profissional:

Especificar...

D. IMPACTO DAS ALTERAÇÕES CLIMÁTICAS NOS MEIOS DE SUBSISTÊNCIA.

As variações climáticas influenciaram a captura de peixe nas estações actuais? (Assinale)

Sim [ ] Não [ ]

Em caso afirmativo, explicar,
As alterações climáticas provocam variações no método de captura de peixe? (Assinale)

Sim [ ] Não [ ]

Em caso afirmativo, explicar,

As variações climáticas têm impacto no equipamento utilizado durante a colheita? (Assinalar)

Sim [ ] Não [ ]

Em caso afirmativo, explicar,

As alterações climáticas causam variações nas unidades populacionais de peixes? (Assinale)

Sim [ ] Não [ ]

Em caso afirmativo, explicar,

As alterações climáticas provocam variações no acesso ao mercado dos produtos da pesca? (Assinale)

Sim [ ] Não [ ]

Em caso afirmativo, explicar,

As alterações climáticas afectam a fumagem do peixe? (Assinalar)

Sim [ ] Não [ ]

Em caso afirmativo, explicar,

As alterações climáticas afectam o peixe fumado? (Assinale)

Sim [ ] Não [ ]

Em caso afirmativo, explicar,

As alterações climáticas afectam o seu rendimento? (AssinaleV)

Sim [ ] Não [ ]

Se "Sim

explicar, ...

Considera que as alterações climáticas afectaram o seu modo de vida?

Sim [ ] Não [ ]

Em caso afirmativo, explicar,

Que iniciativas toma para fazer face às mudanças no seu nível de vida?

Que actividades devem ser adoptadas na sua capacidade de recuperar as alterações dos meios de subsistência?

RESUMO

Matriz de perceção por Fisher Folk

RESPONDENTS PERCEPTION ON THESE VARIABLES	Over the past 20 years	Over the past 10 years	Over the past 5 years	Current Seasons
CHANGES IN RAINFALL PATTERN	NORMAL	NORMAL	HIGH	HIGH
CHANGES IN RAINFALL AMOUNT	HIGH	HIGH	LOW	LOW
SEA WATER TEMPERATURE	COLD	COLD	WARM	WARM
SEA WATER WARMING OCCURRENCE	NO	NO	YES	YES
SEA WATER WARMING INTENSITY	LOW	LOW	HIGH	HIGH
SEA AIR TEMPERATURE	COLD	COLD	WARM	WARM
AIR-SEA INTENSITY (WIND SPEED)	HIGH	HIGH	LOW	LOW
FISH CATCH CAPACITY	INCREASING	INCREASING	DECREASING	DECREASING
BUMPER SEASONS	July, August, September, October, December	July, August, September, December	August, September, December	August, December
LEAN SEASONS	No Seasons	February, March, June, November	February, March, June, November	February, March, April, June, November

Matriz de perceção do impacto das alterações climáticas

Climate Change Impact on these Variables	Respond	Comment
Changes in Fish Harvested/Catch	YES	Changes have occur and identified by fisher folk
Availability of rare Fish Species	YES	Some fish species have not been seen during harvesting
Declining Fish Stock	YES	Fish stocks are declining as a result of overfishing, bad management practices and changes in the climatic conditions of sea
Changes inLivelihood Status	YES	Income generated is very low and has hindered socio-economic activities of fisherfolk

MIX
Papier aus verantwortungsvollen Quellen
Paper from responsible sources
FSC® C105338

Printed by Books on Demand GmbH, Norderstedt / Germany